U0145514

凝煉知識品味閱讀

優質企劃案撰寫：實作入門手冊 第六版

Handbook for Writing Proposals

陳梅雋 著

五南圖書出版公司 印行

六版序

這本應該是算幾乎全新的一本書，因爲在這幾年當中，世界面臨了非常大的改變，不論是新冠疫情，或者是世界到處的森林大火，我們眞的知道地球生病了。而且一個組織或企業面對生物多元化變化、氣候變遷、社會不平等、經濟成長和社會的零距離越來越複雜、越來越矛盾時，在有限的地球上，無限上綱的經濟成長，這根本是不可能，異想天開。所以如何在企業當中結合環保議題、社會公益，這是一定必須進行的，也正在進行。

反觀自身，身爲基督徒的我，期許自己要在這個時代當中做更多的身體力行，盡其可能不斷地提醒大眾，做行銷的同時，更是需要讓負責任的企業挺身而出塡補落差，攜手政府及民間的力量，打造一個全新的企業及行銷的關係。在台灣，有多少企業敢相信一個好的企劃案是可以讓地球更加的豐富、是可以因爲我們的參與變得更好？以上都値得我們大家一起努力！

ESG浪潮正襲來，爲了要突破及加入這批浪潮，每一個企劃案都要考慮的是永續經營，以及對於這個環境都努力不傷害，才可能受到歡迎，這本書希望能夠幫助各位可以重新去思考在企劃當中如何成爲合乎浪潮的企劃案。

陳梅雋

2024年7月

作者序

競爭與專業時代之達人必備利器

一個好的管理人才，除了該具備簡報技巧外，更要有企劃案撰寫能力。撰寫一篇好的企劃案，不僅是企業管理人才的必備條件，更是身爲現代上班族進階之敲門磚。身爲一個大學講師，亦是職場中之行銷工作者，個人認爲，不論資深或是資淺，皆需要具備撰寫文稿之能力。除非你有業務或是設計的才華，因爲這三種能力，已是二十一世紀工作人必備之技能。所以五年級想創業，六年級想升遷，七年級想找好工作，那就請先擁有此撰寫文字的能力。

筆者曾爲要知曉國內外所謂優良企劃案，便蒐集中外的刊物、書籍，在在發現一些名家作者之企劃案的大綱皆爲大同小異，所以有一個好的基本架構是必要的，因爲企劃案之骨架決定內容的豐富度。所以，先決定你的企劃案大綱，是你寫好企劃案的第一祕訣。

再者，一個好的企劃案需要知道公司的願景，讓你的員工肯隨著你的願景去做每一件事，並且可以同公司的願景，要知道自己公司之SWOT，你們是否具備專業的知識，你們公司的優勢又在哪裡？如何發展公司的計畫？再根據公司的能力，規劃產品的優缺點，發現產品的市場區隔、定位、目標市場，再做出與眾不同的品牌設計、促銷組合，如此便產生強而有力的行銷力。促銷組合也會根據市場及時代、年齡層之不同而有所變化，而這也是一個企劃案相當精髓之所在。

看似容易的企劃案卻需要有市場面的知識，越有市場知識所撰寫的企劃案，就越有可信度，所以希望所有的本書讀者，要能夠準確地書寫產品的產業環境，亦要對地球村的世界大環境有所了解。如此，方能寫出主管滿意的企劃案。

本書希望除了在學理上的介紹與探討外，再加上芝柏錶之實際案例，並且在每一刷的修正中，都加以修改範例及課後作業，希望因此成為大學指定用書，減少其市場參考性。本書除適合初學者模擬如何寫作外，也適合專業的行銷人士，作為進修參考之用。但市場之資訊瞬息萬變，實難萬無一失，倘有任何疏漏，盼學者先進不吝指正。

陳梅雋
文化大學二技部企管系

目 錄

如何發展企劃案

企劃概念篇

第一節　企業的目標體系

設定企業的行銷方針及經營的重點目標，是企業達到經營的基本要務，因爲這是實現企業願景（vision）的一個短期目標，而目標的設立必須與整個企業中長期目標緊密的結合，如此方能保證每一個行銷企劃案會與企業願景結合，不致發展成四不像之怪物。儘管行銷企劃案執行是行銷部門的責任，但若要有成功的案例，則需與公司的願景及企業中各部門的執行手法相互配合。

因此，每一個企劃案會因企業的策略，或是外部環境而做部分修訂，但不管任何的修正，均需與公司的願景不謀而合，才是正確經營規劃之方向。

一、願景（vision）及長期目標

每個公司的經營者，都要在一分鐘內清楚地陳述公司的願景，「沒有異象（vision），民就放肆」這是《聖經》上箴言所述，也證明只要沒有願景，員工便會不知如何去執行他們的工作。所以，行銷企劃案也要符合公司的願景（異象），如此才不會有任何的脫序行爲出現。如果公司的產品皆與公司願景相悖，屆時會發現每一個發展出來的產品自成一個體系，彼此不相干，經營政策將成爲一輛多頭馬車，且奔跑無定向。

近來氣候問題正逐漸成爲影響世界經濟的重大因素。2020年7月加州大火成爲美國最大的森林大火，持續三個月以上的大火使整個美西地區造成恐慌，也造成經濟損失。

貝萊德投資公司因為投資在全球，氣候變遷對未來經濟的影響，讓這些投資公司投入ESG關懷，也更是穩定未來各區域的投資。

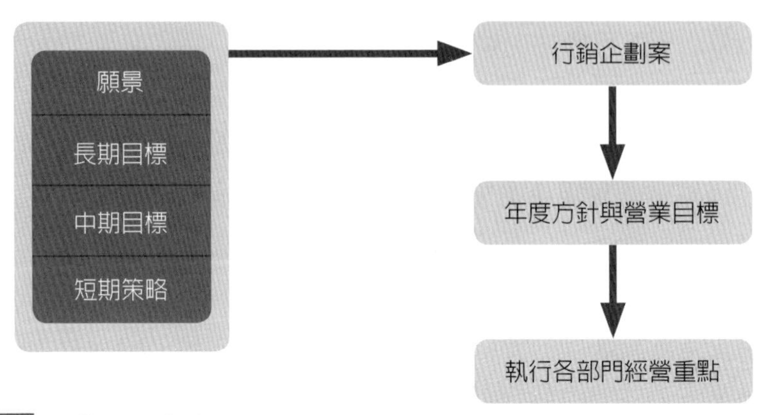

圖 1.1 企業目標體系圖

二、中、短期目標

企業的中、短期目標，是根據公司願景發展而出的策略，為未來二至五年中所有相關的經營計畫。例如：五年後的營業額、獲利率、市場占有率、公司總資產等量化的目標以及產品的創新、變化之活動。

上述這些目標都是根據公司的願景衍生而出，無一例外，而且彼此之間也會環環相扣。例如：一家經營製作歡樂的公司，今年的短期計畫是先製作一個令人會心一笑的廣播節目，而中期則是想成立一個專屬的廣播頻道及電視頻道。

三、年度方針與營業目標

有些企劃案是跨年度的計畫，所以每個企劃案需要與企劃年度的計畫有所配合，而且每年公司的年度目標可能會有所變化，在2003

年也許是「擴大市場占有率」，而2004年則改變成以「獲致最高利潤爲主」，所以企劃案也需要做適度的修正。不用在乎每年的計畫目標有所不同，但不可每半年或每二至三個月屢屢更換，甚至有些行銷主管每個月都有些創舉，讓所有行銷人員無所遵循。年度方針基本上仍是整年營運的最高指導原則。

第二節 企劃案大綱

這是一個企劃案所需要的基本項目，這些項目是要讓公司的主管單位或擬提案的公司，能對你的企劃案一目了然。

一、向非本公司之企業提出公司新產品之企劃（本書採用此企劃大綱）

1. 公司介紹／組織使命

   將公司組織、願景、使命及公司的沿革撰寫清楚，也把公司的優缺點分析明白，讓消費者對公司及產品有十足信心。

2. 產品介紹及分析未來的機會與威脅（OT）

   產品的所有獲利點、規格、內容物，包括產品包裝及標籤之說明，都需要說明清楚。

3. 內外部環境

   外部環境是指動盪不安的外部經營環境，不管是直接、間接環境，對公司影響都相當劇烈。而產業環境也需要仔細分析，可以做一個自我公司的SWOT。目前更多公司關注在ESG，因爲這會成爲外部經濟需投入的金額。

4. 競爭者分析

   在市場中誰是你的主要競爭者？誰是次要的競爭者？爲何他們會受歡迎？唯有鉅細靡遺的了解競爭者，方能百戰百勝，將對方的優點轉換成自己的優點。

5. 消費者行為分析

消費者爲何使用此產品？中間商又如何看待我們的產品，主要消費者的心理描繪及人口統計變數爲何？這是成爲暢銷產品必須要知道的課題。

6. 市場區隔／目標市場／市場定位（STP）

找到主要市場，且針對主要目標顧客做出合適的行銷決策，了解在客戶心中的市場定位，才能產生良好的行銷組合。

7. 行銷組合——價格／通路／促銷組合

(1)價格

這是企劃案中唯一的收入來源，所以有一個精確的價格策略，才能讓企業獲利，是相當不容易也非常重要的決策。

(2)通路

掌握通路便可將產品無遠弗屆地推展到新市場，讓經銷商對企業忠心。而適時減少通路層級，亦可增加企業利潤。

(3)促銷組合

這是企劃案中最活潑、也最需創意的部分。把各種行銷活動變成最適合組織的組合，讓所有的促銷組合都成爲企業量身訂做的活動，是行銷人員最大的挑戰及樂趣。

8. 行銷預算／控制

具備各種行銷活動後，又需要各種預算控制及評估，方能符合公司的策略與目標。

二、供公司內部主管參閱之企劃案

1. 外部環境／個體環境。
2. 消費者行為分析。
3. 公司SWOT分析。
4. 競爭者SWOT分析。
5. 市場區隔／目標市場／市場定位。
6. 行銷組合：
   (1)產品。
   (2)價格。
   (3)通路。
   (4)推廣。
7. 行銷預算／控制。

以上兩種企劃案大綱的撰寫方式並沒有優劣之分，端看企業喜好之不同，而將內容加以變化而已。

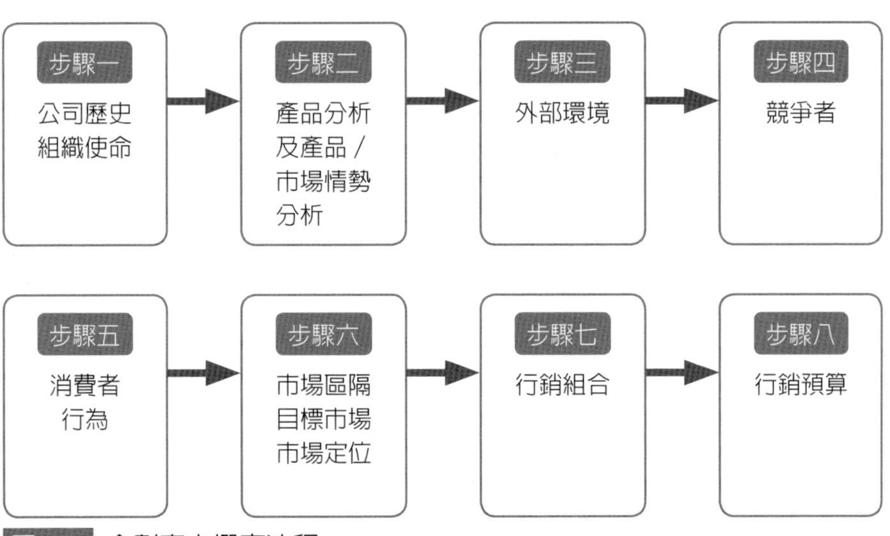

圖 1.2　企劃案之撰寫流程

第三節　企劃案撰寫流程

一、訂定組織使命

行銷企劃的第一點，是發展出對方企業對公司的信任感。而為了解組織目標和長期承諾、組織使命，可以用過去曾服務過的客戶群、提供的服務、產品，或曾執行過的活動及技術來表達。

許多成功組織都把它們的組織使命用文字寫下，稱為使命聲明（Mission Statement）。組織聲明對組織提供方向，並讓組織內部因為使命，使同仁間彼此凝聚共識。

二、產品分析及介紹

因為要將本產品介紹給其他企業，所以把此部分提至企劃案之前半部。

產品分析與介紹包括產品品質、設計、標籤、包裝及品牌，其中也包括服務。以上每一項都會影響到產品，所以需要加以說明。而且更要把產品的生命週期、產品銷售預測，以及產品獲利情況一一敘明。

三、進行市場情勢分析

此部分要探討公司的優勢、劣勢、機會、威脅（SWOT），最重要的是找出公司的優勢及劣勢，而且加強、分析這兩個部分，進而找出面對外部的機會及威脅。

SWOT的定義如下[1]：

---

[1] 轉引自黃俊英著，《行銷學》（*1997*），***pp. 29～30***，華泰出版社。

・優勢（Strength）

能提供槓桿作用的競爭利益，使組織能以少獲多。或者有強勢的行銷能力，讓公司的產品所向披靡。

・劣勢（Weakness）

一旦被認清之後，就能做某些改進或補償的情勢或情況。

・機會（Opportunity）

在市場上的情勢或情況。如果這些情勢／情況和產品之間能夠建立適當的連結，則這些情勢或情況將可使組織的產品／品牌更易被接受或更受喜愛。

・威脅（Treatness）

對行銷努力有不利影響的外部情勢和情況。威脅雖然很少能加以控制，但如能在它們變得不能駕馭之前予以確認，還是能夠去影響它們。如果能知道威脅的存在，組織通常能設法規避。

1. 內部優勢和劣勢

內部優勢和劣勢是指那些組織通常能夠控制的內部因素，諸如：組織的使命、財務資源、技術資源、研究發展能力、組織文化、人力資源、產品特色、行銷資源等。譬如：某家公司的優勢可能是它有很強的研發能力，它的劣勢可能是它的配銷通路比不上主要競爭廠商的通路。

2. 外部機會和威脅

外部機會和威脅是指那些組織通常無法控制的外部因素，包括：競爭、政治、經濟、法律、社會、文化、科技、實體和人口環境等。這些外部因素通常是組織無法加以控制的，但卻對組織的營運有重大的影響。譬如：油價的上漲並非一般廠商所能左右，但卻會增加廠商的產銷成本，如未妥善因應，將成為廠商的一項威脅；而環保意識的高漲，對那些比競爭者更重視汙染防治和生態保育的廠商而言，可能會是一個機會。

SWOT匯總這個階段，應該可以清晰地把握住企業的下列狀況：

(1)了解了與企業有關的外在環境

了解現實環境中，有哪些關鍵因素會影響到企業的發展。

(2)了解了企業本身的內在環境

透過前期業績及策略的檢討、長處及弱點分析，相信已能客觀公平的分析企業之內在環境。

(3)指出企業未來之經營走向

整理出未來可能面臨到的重大市場機會及遭遇到的威脅，並列出企業未來該朝向何處發展的優先順序。

(4)指出企業能向何處發展

澈底分析企業的長處及弱點後，指出該發展的方向中，有哪些是企業有能力去發展的。

四、外部環境分析

外部機會和威脅是指那些組織通常無法控制的外部因素，包括：競爭、政治、經濟、法律、社會、文化、科技、實體和人口環境等。[2]

1. 經濟狀況

經濟狀況的好壞，關係著消費者的購買力，在物價上升、實質所得相對減少的狀況下，一般消費者購物時，將變得十分謹慎。若利率居高不下，會直接影響到購屋貸款成本，將帶給房地產空前的不景氣。而各國皆呈現最大的經濟疲軟，不同的社會階層也大大不同。

---

[2] 蓋登氏編輯委員會著，《年度行銷計畫書實作》（*2000*），*pp. 32～34*，蓋登氏管理顧問有限公司。

2. 人口

市場是由人匯集而成的，因此人口的多寡、性別、出生率、死亡率、年齡結構、家庭人數、地區人口數等變化，對企業的短期、長期來說，都具有深遠的意義，例如：出生率的降低，會威脅到以嬰兒、兒童爲對象的產業。

人口的一些相關資料因素，如：性別、年齡結構、教育水準、職業、家庭人數、地區人口數、總人口數、出生率、死亡率等，是行銷人員用來區分購買者、使用族群及區隔市場的有用工具。

3. 社會文化演變

「嬉皮」、「雅痞」、「單身貴族」、「新新人類」等族群出現，受社會文化演變的影響。社會文化反映著個人的基本信念、價值觀和規範的變動，它會影響到企業的目標市場定位，所以行銷活動必須符合社會文化的要求，才能順應消費者的需求。而目前的世代紛呈許多全然不同樣貌，廠商需更加針對不同族群、社會文化做分析。

4. 自然環境

反汙染設備的投資，如鋼鐵業要投入龐大資金添購反汙染設備；汽車工業需用昂貴的排氣控制器；廢棄物的回收如水銀電池、寶特瓶及能源成本的變動等與自然環境相關的問題，都會逐日加重影響企業的經營。因此，行銷人員必須全盤了解其產品、包裝、生產步驟對環境的影響。當然因應環保的要求會讓成本提高，進而影響了售價，但是從另一個角度——注重環保的綠色行銷，也會替企業創造另一個行銷優勢，如Sears推出的無磷洗衣粉及美國石油公司的無鉛汽油。

5. 政府法規

美國通過休曼反托拉斯法後，許多知名大企業都因此飽受限制而經常官司纏訟不止；國內公平交易法制定完成後，企業的訂價、廣告、促銷等活動也同樣因而受到限制；其他如：專利法、商標法、商品檢驗法、關稅法、消費者保護法等，和每一個企業都有關的法規，及特定行業的法規，如：食品衛生管理法、建築法等，都可能和企業的各方面經營息息相關。特別是近年來更多有關環境的法規，亦是企業需付上代價去了解及知曉。

6. 科技環境

科技環境的影響是爆炸性的、全盤性的，尤其電腦資訊及其他高科技不斷爆炸性更新，及各種科技之產生有些帶來創新，有些卻使大環境更差。

7. 供應商

降低原料成本或提高產品品質，是企業獲得競爭優勢的一項重要策略。因此，企業如何運作及其與供應商間的關係，也是影響企業經營的重要課題。

五、競爭者分析

想要知道每家競爭者的情況嗎？唯有知己知彼，才能百戰百勝。而且位居不同地位的企業，其採用的策略也有所不同。

1. 市場領導者

資源多，財源廣，在市場中的知名度高，在科技上的地位也是領先，或是有其他優勢，如：電腦界中的IBM、軟體界中的微軟等。

2. 市場挑戰者

在競爭市場上處於第二、第三的地位，資源及知名度僅次於領導者，但這些廠商正努力突破，想成爲市場上最重要的品牌。

3. 市場利基者

僅擁有有限的資源，但在某些特殊區隔的市場上，享有利基的專業，如：蘋果電腦在電腦市場、勞力士在手錶市場。

4. 跟隨者

市場的跟隨者，其經營資源的質與量都有相當大的差距，所以在市場上只能做低價位競爭、品牌仿效的動作。

六、消費者行為分析

唯有了解有關消費者的社會因素及心理因素，方可做出良好的行銷策略。

1. 社會因素

包括文化、社會階層、參考群體、家庭單位，其中也包括會因爲社群、團體之影響而有所改變的消費者。其中不管大自文化，小至家庭，皆因人在群體中生存，常會在潛移默化中，改變了自我的購物習性。

2. 個人因素

消費者行爲從團體的影響進入個人層面，再邁向心理變數。有關個人方面的人口統計變數、知覺、態度、動機、信念、生活型態及情境，都可以將個人的所有消費因素考慮在內。

七、區隔、市場定位、目標市場

區隔是在眾多消費者中，知道誰會是我們的主要目標。

人口變數區隔、心理變數區隔、利益變數區隔、生活型態變數都是我們需要仔細思考的因素，這些因素能夠很清楚地幫助我們將所期望的消費者描繪而出。

定位是要對目標市場具有足夠的吸引力，而且產品所提供的利益，要能切合市場的需要，並且本公司所提供的利益（服務），要比競爭者更具吸引力，方可有突破出線的機會，博得消費者的喜好。

目標市場是在產品中，找出對消費者最具吸引力的具象，去與競爭者搏鬥。良好的目標市場需具有獨特性，才能與競爭者具有實際的差別。同時也要讓顧客能輕易地喊出產品的特性、吸引力，「有點黏，又不會太黏」，這樣才能適切地訂出產品在目標市場中的定位。

八、行銷組合

此乃影響市場的各種變數，若能將行銷組合中的每一個因素加以控制，便可精準地執行企劃的行銷步驟。

其他影響產品的行銷組合之變數如下：[3]

1. 價格：經銷價、零售價、折扣、折讓、付款條件、信用條件等。
2. 通路：涵蓋的地區、銷售點的家數、實體配送、存貨等。
3. 推廣組合：廣告頻度、媒體使用狀況、活動促銷、贈品、人員銷售、公共關係和促銷等。

九、行銷預算與控制

不論你的行銷策略有多好，市場變數、新資訊以及政府政策的改變等力量，都會迫使你改變原訂的行動計畫。行銷控制的過程是由建立行銷管理追蹤程序開始，然後設計數個檢查點來加以調整。

若不考慮預算而一味行事，乃是一個錯誤行動。因唯有在最少的預算中，做出最好的行銷企劃並達到績效，才是成功的預算。

---

[3] 蓋登氏編輯委員會著，《年度行銷計畫書實作》（*2000*），*pp. 32～34*，蓋登氏管理顧問有限公司。

第四節　行銷企劃之準備步驟

此部分經由一系列的步驟來處理資料的完整概念。這些步驟如同漏斗篩選出所有有用的資料，彙整成資訊，讓每一個行銷行動都能成功達陣。

一、資料分析

1. 把蒐集而來的各項原始資料填入架構好的表格上，可以釐清腦海中的數字，切勿用臆測的方法，也不要用過程中之數據來證明你原先的結論，而是根據事實來做結論。
2. 要先有一些市場調查活動，但不要摻雜個人的色彩及想法，儘量以數量化來表達最終的市場。市場調查包括：
   (1)消費者行爲調查：專對消費者行爲而實施的調查。
   (2)中間商行爲調查：針對了解經銷商的看法而做。
   (3)競爭者分析：對手的重要產品及重要人員，都要清楚地加以分析。
   (4)過去市場分析：過去的市場占有率及市場預算之比率。
   (5)預測銷售與收益（預估）：預估未來市場之銷售及公司之毛利。
   (6)市場占有率：產品在目前市場之占有率。
   (7)媒體使用效果調查：媒體使用的情況及效率之調查。
   (8)顧客關係研究：此步驟之實行並不容易，因爲有良好的顧客關係，才能提高產品之銷售率。

圖 1.3 行銷企劃之準備步驟

二、分析和評估

1. 解讀資料、處理資料：先蒐集資料後，再決定哪些是可以使用的。
2. 與行銷情況配合：有些資料頗具可看性，若不能與行銷狀況配合，則無法使用。

三、準備行銷策略

1. 設定行銷策略：缺乏行銷策略的公司，如同沒有上陣之武器，所以設定行銷策略是首要之務。
2. 任務敘述：有了策略後，再將策略中每一個任務加以敘述，以期達到每一個任務之目的。
3. 執行方向／方法：根據任務說明後，也要把執行方向說明清楚，才能澈底執行。

四、判斷並評估行銷情況

1. 確認消費者需求：根據消費者行爲，掌握消費者的需求。
2. 確認問題：包括目前市場中同質產品的問題，以及消費者心中的疑問。
3. 確立機會：有問題便產生機會，表示產品不能夠滿足消費者的需求，或解決消費者的需求。

五、以評估為行銷計畫的基礎

1. 根據評估而行動：市場消費量夠大，才有足夠的行銷市場存在；有消費者的需求，才會有行動。
2. 資源評估和分配：評估公司的資源，才可以決定行動的方向，及如何分配公司資源。

企劃實作篇

・企劃案撰寫之重點提醒

1. 在每一份企劃案中，有一些重點需要思考清楚，例如：(1)先思考每一個問題；(2)再利用表格或圖表來整理手中原有的資料，將資料彙整後才寫成企劃案；(3)所有內容不要添加企劃案中不需要的資料。
2. 可利用自己公司所做的經銷問卷或消費者問卷，取得消費者初級資料，或是由其他機構或媒體所公布之次級資料，讓行銷人員更了解眞正的市場需求。
3. 有了初步之行銷學的原理概念後，再針對個別企業所需，剪裁適合本企業之企劃案。
4. 每一個行銷架構，都需經過目標市場、市場區隔及分析競爭者後，方可制定出屬於自己公司或企劃案的行銷組合，其流程如下：

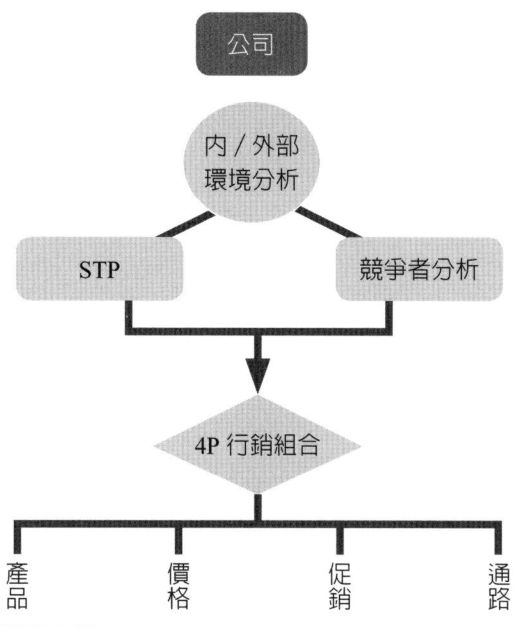

圖 1.4 行銷流程概念圖

行銷策略

行銷企劃案之步驟

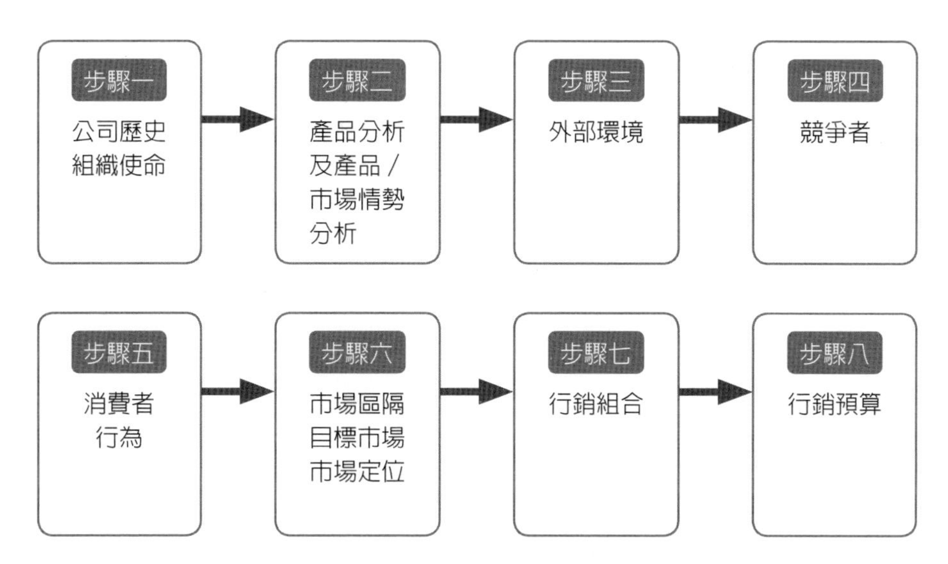

在公司歷史及使命中，把公司的經營主旨及項目放入，再加上分析公司目前的事業組合，使公司之優劣勢與競爭力能讓人一目了然，讓企劃案的讀者能更信任公司，也清楚公司的定位。

行銷策略概念篇

第一節　行銷策略計畫

在行銷發展階段的過程中，我們皆使用不同的方法來因應時代的變化[1]，在此將行銷發展的三階段分述如下：

一、第一階段：「行銷機能」為重點的時代

當企業生產過多的產品或處於競爭者頗多的市場中，企業便要有所因應，這也成爲研究行銷策略之起點與重點。如訓練強而有力的業務員，利用其三寸不爛之舌的口才把產品銷售出去。如果這個方式無法行得通，我們便推出更多的銷售推廣方法，例如：廣告、打折、送贈品……，或多重的通路策略亦可使用，並同時在商品的包裝、設計、色彩上引起消費者的注意力。在此階段的重點，乃是將行銷機能中的各種功能發揮到淋漓盡致。

二、第二階段：「行銷管理策略」為重點的時代

在六〇年代中，因各行銷機能獨自發展，往往使客戶無法對產品協調性產生認知，有些產品只知其名而不知其生產廠商；有些產品購自不同的通路，而價格與品質卻有相當大的差距。因此，行銷人員開始整合與管理產品在行銷組合中的一致性。爲了達到行銷管理策略的任務，如：消費者行爲分析、市場調查、客戶滿意度調查，這些都是策略形成前必須研究的重點。

1　黎守明著，《年度行銷計畫書實作》（2000）。

目前行銷管理策略的形成過程，仍是企業界在實務上經常採行的，也是行銷上不可或缺的教材。

三、第三階段：「策略行銷」為重點的時代

爲了因應市場狀況不斷地變動，企業也需吸收全新的行銷觀念及方法。尤其今日已成爲一個全球性市場，競爭已趨於白熱化，行銷策略更是一個左右全局的關鍵。

策略性行銷強調的是以「客戶導向」爲中心，制定企業策略會因應環境的變動，能充分讓各項資源（人、物、資金、know how）配合市場投入，並設計出能配合策略執行的組織，以實現企業使命，達成企業的存續目標。

一個最好的行銷時機，是希望有一個可以在企業中實現的計畫，而且這個計畫又可達到目標。我們常常在執行實務中想著：我們到底做對了沒有？如果做對了，一切都不用擔憂了，或者我們根本投資錯了，雖然我們有能力、執行迅速，我們一樣在浪費企業的資源。所以簡單的說，我們應致力於產品的專業化，集中生產重心，如此才有可能緊抓住機會，用全力去增強能力、改善企業的缺點，並控制可能產生問題的威脅。

所有企業的營運都是根據一些策略、一系列的目標和方法，來增加企業的機會。行銷策略即是計劃將企業的長處極大化及缺點極小化，且以下列問題來檢視：

1. 你的企業是在哪個行業中？
2. 當你可以確定你是在哪個行業中，你便可以確知企業的走向：
   (1)你的產品與服務爲何？
   (2)誰是你的消費者？
   (3)你的消費者向誰購買我們的產品？
   (4)我們與競爭者最大的不同是哪些部分？如何區別我們與競

爭者？

(5)我們公司的SWOT分析爲何？

(6)我們的顧客爲何購買我們的產品？

(7)我們的產品可否持續獲利？

這七個主要部分將比你想像的還難以回答，尤其對沒有經驗的主管或企業主而言。而且這些問題並沒有標準答案，或是完全對的答案，但此核心問題組成我們行銷計畫的重點。我們可以根據以上的問題，再去發展與選擇具有競爭優勢的市場，在價格、品質、服務及想表現在產品上的所有一切概念，進而去滿足顧客需求、制定贏取市場的策略。策略行銷的規劃思考過程如下：

圖2.1爲行銷策略規劃步驟圖，由此可以清楚地讓行銷人員了解如何去進行每一個行銷步驟。

上述所提及之問題與其他的行銷問題相同，並沒有絕對的答案或對的定義，但這一系列的問題將會影響企業的改變。你的產品、服務及你的市場常是變幻無窮的，而你的企業在市場上的競爭位置也常有所不同，有人會去模仿你的產品，也有的會在價格、服務、品質上與你一較長短。

策略不是要限制你的創意或活動，而是要經常讓企業去思考以上問題，且所有任務都要以消費者爲導向，讓所有的行銷活動都能符合公司使命和消費者需求。

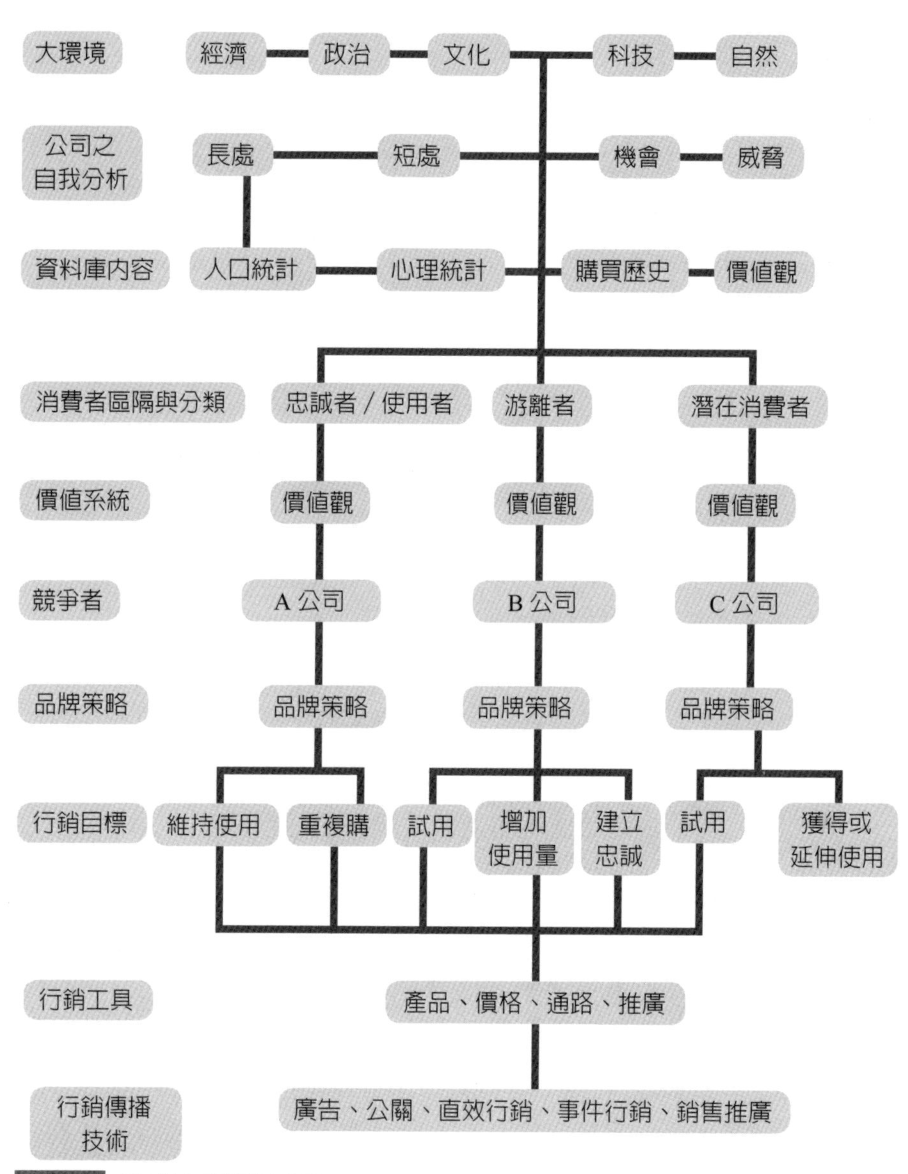

圖 2.1 行銷策略規劃步驟圖

第二節　公司背景

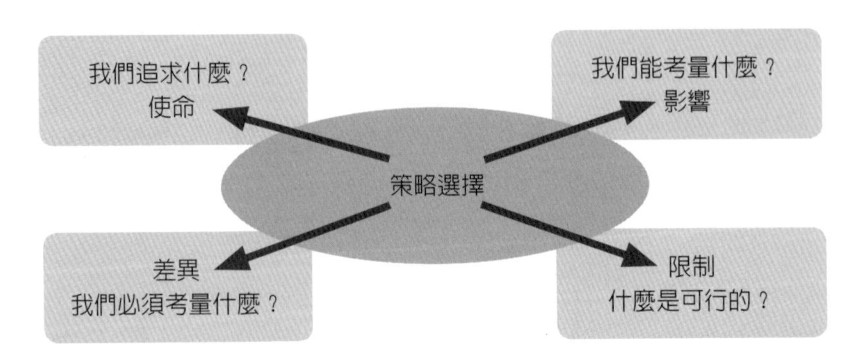

圖 2.2　公司使命／策略

圖2.2顯示策略選擇過程所著重的特點：

1. 我們公司所追求的目的為何？協助企業思考其使命為何？
2. 我們與其他公司的差異：在產品與服務上有何不同？
3. 我們要考量我們對整個環境及產業界有何影響？
4. 我們的企業限制為何？如何做才是我們可行的？

一、公司的願景及目標

策略規劃是企業中相當重要的部分，組織的存在是爲了在大環境中完成某種使命，而且企業在創立之初，都有明確的願景和使命。然而歷經事過境遷及公司不斷成長後，企業的願景不再清晰而逐漸失去經營方向之際，便需重新訂定其宗旨及目標，再一次去思考企業創立之初所訂定的使命。在訂定使命及方針時，千萬不要把公司的願景訂得過小、過窄，而是藉著簡單的句子，把公司的使命說明出來，且讓員工朗朗上口，並願一起努力往同方向而行，才算達到公司宣達的目的。

微軟的願景IAYF（Information at Your Fingertips，在你指間的資訊），便是其中的佼佼者，員工與顧客皆一目了然。據調查顯示，擁有願景的公司，其願景雖非以營利爲目的，但因其目標清楚，所造成的效果卻遠超過其他公司許多倍。公司使命亦可引申出其他各管理階層的目標，並且展現實現目標的能力。

二、公司的歷史沿革

*公司的歷史爲何？爲何創設？如何成長？如何獲致成功？
*公司銷售何種產品？產品中又有何特色？
*產品的歷史爲何？當時的創意及立意爲何？市場占有率、獲利情況？
*對於現有市場是否有任何新計畫？未來有無任何擴充計畫？有無開發新產品計畫？
*公司在外的形象如何？競爭者如何看待公司？在消費者心中的公司形象又是如何？
*公司未來走向如何？有哪些新計畫？策略爲何？是否有全球行銷？其策略爲何？
*公司的組織爲何？哪一個方面最爲有效？又有哪些人擔任本公司的行銷策略？這些人過去又有哪些豐功偉業？行銷部門在此又如何相互配合？
*對公司的產品有哪些新的促銷活動及公關活動？公司會有多少媒體預算？又有多少媒體計畫？媒體檔期爲何？

把公司過去的優良歷史和努力過程呈現在顧客面前，爲的是要讓他們更了解我們的企業，對產品、服務更具信心，亦可讓彼此對雙方的風格、組織文化有更進一步的認識，在合作前使雙方能有更融洽的關係。

公司負責此案的部門爲何？誰是主要的負責人？他們又有哪些專長和過去的工作經驗？因爲這些人將是最強而有力的資源，他們需要把公司的產品、服務推展出去。如果顧客當中有一些可信度高的，也可以將他們替公司推薦產品之文字放在公司手冊或簡介中，這樣對消費者而言更有說服力，當然這需要顧客的同意，否則將會造成更多的問題。

如果公司中有所謂的英雄人物或故事，可簡略的放在公司簡介中，增添其可讀性及顧客對公司之了解。但若與企劃案不符時，則可減少其篇幅，或將公司簡介用附件方式處理即可。也就是說，儘量讓企劃案內容完全針對我們所企劃的產品或服務，不需爲了增加企劃案頁數，而添加無謂的內容。

第三節　設計事業組合

在公司的使命說明和目標指引下，管理需要仔細思考其公司的事業組合。而最佳組合則是把公司的優點集合，視爲未來的機會，並淘汰公司的缺點，以防止未來之威脅。其主要工作則爲：

1. 分析目前事業組合，哪一方面需要增加？哪一方面需要減少投資？
2. 擬定新的事業組合，須增加哪一方面的成長策略？

事業組合分析是策略規劃的主要工具，所以第一步即是分析何種產品、事業是公司的關鍵事業，這些稱之爲策略性事業單位（Strategic Business Unit, SBU）。

第二步是公司高階主管評估各事業組合的吸引力，以決定每一個事業單位可以得到多少資源及支持。有的公司用直覺或非正式的方式來評估，並且判斷每一個SBU應對整體的公司績效占有多大的貢獻，以及應投資多少；有的大型公司則採正式的組合規劃方法。

策略規劃的目的是要發現一些方法，使公司可以有效的應用其長處，從環境中的良機獲得利益。大部分正式的組合規劃法是以下列二個方向來評估SBU，此二方向爲：

1. SBU的市場或產業之吸引力。

2. 在市場或產業內SBU的強度。

如眾所皆知的，有波士頓顧問團模式（Boston Consulting Group, BCG）以及奇異公司模式（General Electric, GE）等兩種方式。

一、波士頓顧問團模式[2]

明星事業（Star）：指高成長率與高占有率的事業單位，此種事業在初期需要大量現金來應付快速成長。

搖錢事業／金牛事業（Cash Cow）：指成長率低但占有率高的事業單位，這些有基礎且成功的SBU只需要少量、少數投資，即可維持占有率（但是機會不大，有時反而不要冒險才是，否則失去市場占有率，更叫人扼腕，本書中便有此例——Honda）。原則上，此事業可賺取大量現金，因此可以支持其他花錢事業單位之活動。

問題事業（Question Mark）：指成長率高但占有率低的事業單位，其需要大量資金，才可提高市場占有率，但也可能因此導致投資金額不足，慘遭市場淘汰。

苟延殘喘／狗事業（Dog）：指成長率及占有率皆低的事業單位，它應該是必須淘汰於市場外的事業，不需投資任何金錢於其中，以免浪費。

---

[2] 改編自***Philip Kotler & Grary Armstrong***著，方世榮譯，《行銷學原理》（***1999***），***p. 46***，東華書局。

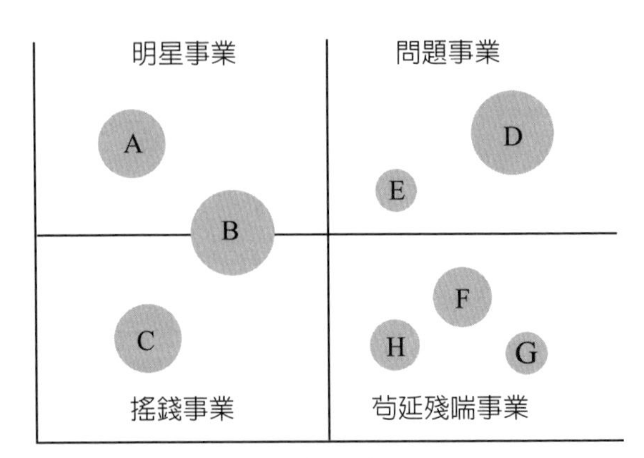

圖 2.3 BCG 市場成長率——占有率矩陣

如果圓圈之大小代表企業的大小，以圖2.3而言，A、B、C目前是公司重要的產品事業，而發展的重點是將資金放置D、E，再小心注意F、G、H的發展情況，如果無法繼續有任何利潤，則需淘汰，也要注意事業A、B之產業成長減緩的問題。

而且最好每一年、最多在二至三年需要重新評估一次，因爲大環境及本身變化相當迅速。

二、奇異公司模式[3]

在GE模式中，除了市場成長外，還要考慮許多因素，而不只是衡量相對市場占有率。公司優勢是指相對市場占有率、價格競爭、產品品質、對顧客及市場知識、銷售效能與地區之優勢，從這些項目，也可以知道何者爲事業的競爭優勢，再將事業優勢分爲強、中、弱三類。

策略事業也會分爲三區（見圖2.4）：左上方的三個方格同屬第

---

[3] 改編自***Philip Kotler & Gary Armstrong***著，方世榮譯，《行銷學原理》（***1999***）***p. 46***，東華書局。

一區，代表較強的策略，公司可增加投資之單位；左下方至右上對角線則會維持在同一區上，代表整體吸引力中等的事業單位；左下方則屬於整體吸引力低的事業。

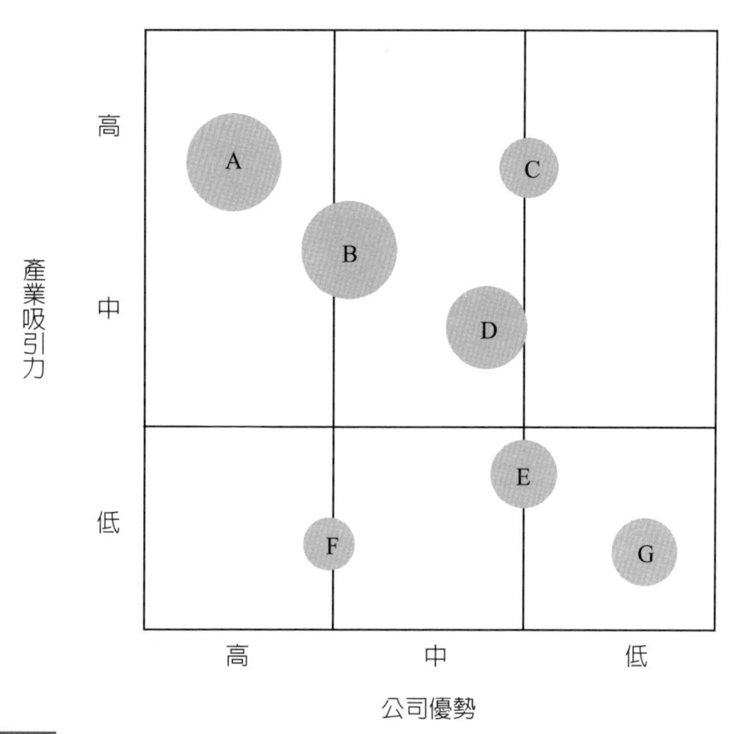

圖2.4 奇異公司模式

A、B產業都是在較具吸引力的區域中，而D在屬於中等吸引力的區域中；E、G則在不具吸引力的區域，而C、F則在中等產業中，但C又比F多具備些產業魅力。

當策略改變或不改變時，公司高層也需考慮未來SBU的發展性，而且加以比較分析，方可辨認出公司所面臨的行銷機會。

第四節　擬定成長策略

以上分析工具，乃是爲了分析公司目前的地位。爲了要發展公司未來之成長模式，一般而言，公司會以產品／市場擴張格局來確認市場機會。其中便有四種方法來考慮產品或企業的成長方向，且找出最合適公司及產品生命週期的方法。

表 2.1 以產品／市場擴張格局確認市場機會

	現有市場	新市場
現有產品	1. 市場滲透價	3. 市場發展
新產品	2. 產品發展	4. 多角化

在產品生命週期的「引介期」時，可使用產品發展策略，使產品更加適合消費者。在「成長期」時，則可使用市場發展，在不同的市場，用不同的行銷策略來讓市場更臻成熟。在「成熟期」，用市場滲透策略使大家可以接受企業所提供之產品，可能是降價競售，或是加量不加價。如果已達到產品生命週期中之衰退期，便可以考慮轉爲多角化經營。

競爭之優勢行銷策略

爲了要獲得公司之全盤勝利，公司必須考慮如何讓自身的優勢發揮得淋漓盡致。當然，行銷策略必須與消費者的需求相互配合，更不可忘記競爭者的行銷策略。

公司究竟採用何種競爭策略才能展現優勢，其中有相當大的關聯。但最重要的是，要展現公司的關鍵成功因素（Key Successful Factor, KSF），才是公司的成功要件。

如果是來自財務健全、投資保守之企業，他們的負債比例小，也就是公司信用佳，可舉債能力也相對較佳。這種公司必然要強調他們在財務上的穩健，而此方面也可運用在行銷上，尤其對中間商。

而年輕、創意佳的公司，也許在資金方面不如財務好的企業，但是其行銷活動之創意性足，也可以是一個重點。因爲在現今的市場，能有好的行銷點子，便是擁有良好的賣點與商機；或者因爲企業的資源不足，但整合能力夠，可以整合行銷活動，亦可成爲公司之KSF。

7-Eleven擁有近7,000家店（2024），星巴克咖啡店有近600家，這些龐大的分店便是他們最大的本錢，只要產品想上架，便要給予上架費。而公司除了有來自商品之利潤，還有來自上架費的利潤。若有股東要投資，這便是最佳利器，而在行銷上，這幾乎也是一種銷售的保證，因爲只要能上這些通路，便能奠下扎實的物流利基。如果要發展良好的行銷策略，保持這種優勢，也是一種相當大的成功要點。

一個成功的行銷策略，必定要先發展至少一個KSF，才可以成功。所以，成功的經理人需要坐下來思考公司的主要KSF，如何加以發展，再從一個變成二、三個要素，如此行銷優勢才可以發揚光大；也因有足夠的成功要件，才能有其他機會，再把機會變成成功要素。

第五節　市場機會與需求

行銷是一門在機會中尋找、發展，且從中獲得利益的藝術，如同廣告中所寫：「追隨者永遠只能看見領導者的背後。」如果行銷部高階主管無法主動看見市場的機會與需求，又何必有行銷部？傳統公司一向用老闆的直覺來引導整個企業的經營方針，但這只有一個人的思想，若能加上行銷部全體的思維，豈不是又擁有集體思考的能力？

市場機會的吸引力，則需視下列因素而定：

1. 潛在顧客之多寡。
2. 潛在顧客的購買力。
3. 潛在顧客渴望購買之程度。

如果符合以上條件的消費者已爲數不少，且其口味都有其相關或一致性時，在研究後，便可創下新的市場機會。

一、市場機會的主要來源

1. 在市場短缺時提供商品

   這種市場不會長久，因爲缺貨時間不會太久，這種機會不需要專業行銷，尤其是在自然災禍、軍事戰亂，或是共產國家的強制節約制度下，當然亦有人爲囤積及搶購後之結果。

   而樂透彩券在一個月內，把六個月存量用紙用完了，因這種熱感應紙需要從美國運送而來，等候熱感應紙的券商，儘管抱怨連連，但因爲產地在國外，雖有市場，苦無產品，也無所助益。

2. 以嶄新或優異的方式供應現有的產品或服務

   傑夫．貝佐斯（Jeff Bezos）在1994年建立了全球最大的網路書店Amazon（亞馬遜），以便宜且快捷的方式，把客戶所需的產品寄至他們手中，並以相當有效率的資料庫，通知消費者他們有興趣的書籍出版消息。www.amazon.com因此成爲網路書店代名詞，也讓許多網路書店群起效尤。

   3M以嶄新的方式介紹他們的新產品──「魔布」，不需使用任何洗潔劑的魔布，可用來擦拭電腦或電器用品，因其少了溼黏黏的水漬，使用起來比過去抹布方便許多，市場需求量也日益擴大。

3. 供應新的產品或服務

目前新產品日新月異，像前幾年盛行元宇宙，目前的情況不比當年。而這幾年興起的電動車、AI產品，都是新的機會，但也代表許多舊市場將會消失；每個廠商面對新產品及新服務要有足夠的敏感度。

二、評估並選擇市場機會

古德爾（Could Corpration）公司建立下列標準，評估新產品暢銷機會：[4]

1. 該產品必須能在五年內問世或是量產。
2. 該產品必須要有每年15%的成長率。
3. 該產品要能提供30%銷售率與40%投資報酬率。
4. 該產品要能夠達到技術或市場的領導地位。

這是某個公司的標準，不代表每個公司的看法，但每個公司最好能有自己的標準。如果虧損，則有多少虧損額是可以容忍的限度，如超過可容忍度，毫無疑問就需要放棄此產品。

要推出成功新產品的整體機率，可以由下述三種個別的機率估計價值[5]：

整體成功機率＝技術性完成度的機率×已知商品化技術性無問題下的成功機率×已知商品化無問題下的機率

這三個機率估計值要先估算，再加以相乘；所得的結論如果高於0.4以上，才較有機會成功，否則冒險過大。

[4] ***Philip Kotler***著，高登弟譯，《科特勒談行銷》（***2000***），***p. 72***，遠流出版社。

[5] ***Philip Kotler***著，高登弟譯，《科特勒談行銷》（***2000***），***p. 72***，遠流出版社。

第六節　市場需求實作

1. 目標市場

   在我們的目標市場中，如果要得知全國總共有多少受眾，可以到主計室或一些官方資料中尋得線索，例如：本產品適合4-15歲族群飲用、全國此階段年紀的總人口數共有1,540,000人。

2. 地理區域

   但全國可以買到此產品的區域有限（因為通路有限，無法全國販售），而可銷售的這個地理區域，若占全國地域五分之三，則可得1,540,000×0.6 = 924,000。

3. 每位顧客每年購買總數量

   每個消費者一年之中，平均購買20瓶此種飲料。

4. 同類產品每年購買的總數量

   每位顧客購買總量×地理區域中每人數購買總數量，即924,000×20 = 18,480,000。

5. 平均價值

   總數量再乘以每罐飲料價錢，如以每罐平均20元來計算。

6. 購買的總金額

   將每罐價錢×每年同類產品的總量，可得出18,480,000×20 = 369,600,000。

7. 公司的購買占有率

   369,600,000×25% = 92,400,000。

這些就是每家廠商都蠢蠢欲動，想要前往投資飲料市場的原因，因為市場龐大，而且每個人的飲用量也不小。每一家企業在投資市場時，都需要知道市場需求，如此才可以評估市場量。有較大的市場需求量，才可能有企業加入研發的行列。在年輕人心中開家飲料店、咖啡廳經常都是夢想，但是高齡化亞健康市場對於含糖飲料的口誅筆伐，也需要注意。

行銷策略實作篇

・思考問題

1. 確認現有的和未來的能力，爲何你要寫這份企劃書？
2. 你想強調企劃案的哪些重點？
3. 你的產品重點爲何？
4. 你的企劃重點爲何？
5. 你的主要行銷策略爲何？

・重要提示

1. 在這裡你可以把企業的整體做一個介紹，且分析公司的優勢、劣勢、機會及威脅。
2. 讓企劃案的讀者可以對公司有一個粗略的認識，當然需要把公司的機會及優點加以發揮，因爲這是展現公司實力的時刻。可是在闡述弱點及威脅時，雖可輕描淡寫，但也不可說謊，以免對方成爲合作夥伴時，認爲此企劃案是一個謊言。

產品策略

行銷企劃案之步驟

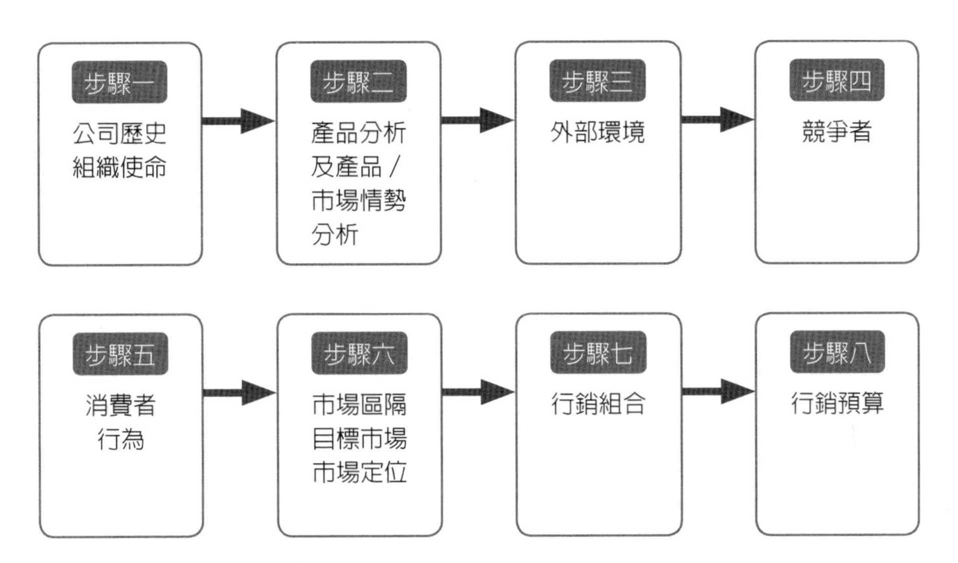

把企業所銷售的產品在此做一項說明，包括它的名字、外表、功能、專利、曾獲得獎項，各項產品之特殊要點在此章一一記載清楚。記住要強調分析產品優勢及未來的價值，因爲這些才是產品的大賣點。

產品概念篇

市場上任何供注意、購買、使用或消費，以滿足欲望或需要的東西，皆可稱爲產品。產品不只是有形的財貨，廣義而言，產品包括實體物品、服務、人、地方組織、觀念[1]。而另一種服務是無形產品，如：搭乘飛機、金融服務、美容美髮。

第一節　產品目標

一、開發新產品

從無到有，從一個新的構思到形成產品，是一個新的想法，同時也是一個創造新商機的開始。

例如：美國一家孩童精靈公司，現在有一種新的「彩繪牙貼」，這種可黏在孩童牙齒上的臨時紋身產物能溶於水。該產品被譽爲能夠鼓勵孩子勤於刷牙，因爲說明書上指出，貼「彩繪牙貼」時，要先刷牙，而且除去時也要刷牙，每天可以更換不同的花樣。這種商品除了銷售之外，還有鼓勵刷牙的正面意義，當然吸引更多新廠商加入其戰場，如：高露潔和寶鹼等知名公司都加入此市場。

二、延伸既有品牌的產品線

原來已有這種產品，如今改良成延伸產品後，也延伸產品線。

例如：Apple是把所有消費電子商品加以延伸，iPhone、iPod、ipad等，都是讓品牌加以延伸。

---

[1] ***Philip Kotler & Gray Armstrong***著，方世榮譯，《行銷學原理》（***1999***），***p. 285***，東華書局。

三、產品改良

香菸變成口溶菸錠，一樣都含有尼古丁，卻不會產生二手菸，而是另一種產品改良（但仍對人體有害）。把產品加以改革後，使產品更好、更臻完美。電腦、手機、PDA都是此種產品之代表。我們會發現，每一次新產品的出現，它們的功能都比過去的產品更符合消費者心目中的需要。而手機目前的功用，不再只是用在通話，而是可以擁有翻譯機、錄音機、收音機等功能，而多功能的手機也可以增加銷售；另如3M的膠帶加入設計後，亦可提高生活樂趣及售價。

四、尋求產品服務創新：宏碁環保筆電

接著我們以宏碁的環保筆電舉例，談談「產品創新的實力」。宏碁的市場調查團隊曾在2019年針對X、Y、Z三個世代的消費者進行調查，希望能夠了解除了喜愛電競潮流及設計次文化的年輕世代消費族群外，還有沒有什麼新的領域可以開發。

結果調查意外發現，他們對環境議題非常重視，甚至表示願意用消費去做支持，於是宏碁開始集結它的代工團隊，包含筆電製造商仁寶、面板大廠友達，開始一起思考如何設計材質環保的筆電，並且在耐用度上也不會落入大家對環保材質容易壞的刻板印象。

除此之外，宏碁還要求環保筆電的外觀要夠獨到，而且要具有故事性可以跟他人分享，也就是說，讓消費者可以發揮影響力，譬如在功能上可以拍照分享，讓更多人參與這個環保行動，於是經過三家廠商共同合作，成功開發出宏碁環保筆電。

這台愛護地球的環保筆電，機殼使用30%的PCR塑膠材料，大約可減少21%的二氧化碳排放量，另一方面也可以用更簡易的方法做筆電拆卸，將有助於迅速維修及升級，或是未來筆電要回收的時候也比較方便，可以更進一步實現「綠色循環」的環保目標。

當筆電報廢時，其中有一些零件或原物料可以重新回到供應鏈，成為日後新電腦製造所需的零件並加以使用，此舉不只吸引消費者關注，更展現宏碁擁抱ESG的決心，同時也帶動宏碁整體銷售獲利的增長。未來宏碁也承諾，環保系列產品會成為一條產品線，推出更多的環保產品，這便是產品創新為企業帶來好處的經典例子。

第二節　產品個別決策

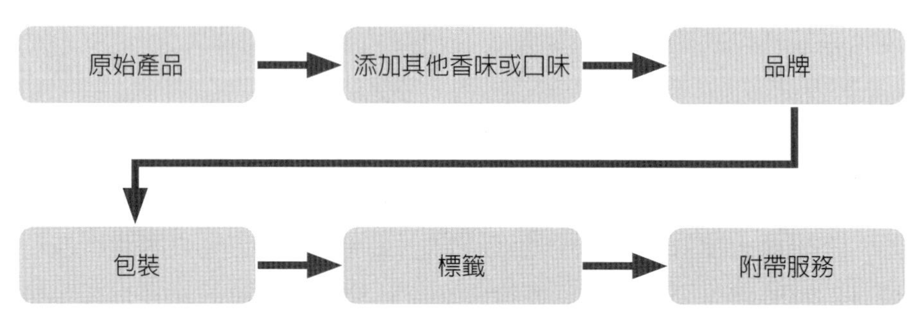

資料來源：修改自 Philip Kotler 和 Gray Armstrong 著，方世榮譯，《行銷學原理》（1999），p. 280，東華書局。

圖 3.1

一、產品品質

讓消費者所滿意的特質，及產品特色所構成的集合。但有不同的產品，也有不同的方式來衡量。所以成功的行銷人員，必須了解每個行業中之品質標準，才可以掌握消費者。

現在許多產品都不只是考慮到滿足現今消費者的需求，更會考慮到下一代的資源，Seventh Generation（代代淨）純天然清洗劑是參考美國印第安部落的偉大法則，每一個產品影響皆考慮到兩百年後的時間，也就是七代人的生活方式。所以這個品牌名稱就不再只是命名，反而也是一種最好的行銷專門用語。2001年以清潔劑會加速水質汙染為由，退出不含磷酸鈣的洗碗機清潔劑，歐盟也是直到2011

年才禁止使用磷酸鹽，但代代淨提前了10年實行這項措施，30多年來一直秉持這種營運基調，代代淨就成爲美國消費者心目中最佳的環保代名詞。

而且其需要的是零殘忍的認證，所有產品絕不進行動物實驗，也不會使用任何動物成分。在產品包裝上看到的跳躍兔子標誌就代表這項原則，而且還獲得美國農業部的生物基礎認證，這代表該產品是使用再生能源製成。

現在的消費者跟過去不一樣，你所提出來的概念，必須和品牌有相符的一致性，而且需要有社會貢獻，得到國家的認證，這才是繼續讓消費者忠誠的有利保證。

二、產品特性

就是消費者用來辨認產品的特徵，其中包括技術功能、利益功能。手機產品最具特色的，便是Nokia（諾基亞）公司的特色：人性化、簡易使用，這便是此品牌手機暢銷的最大因素。而其他產品倘若有如此可以朗朗上口、人人稱讚的優點，即可讓產品更深得人心。

過去環保產品人氣高漲，但是因爲成本高，所以環保產品仍位屬高端市場，而且包裝總是希望採用大地色系且中規中矩。

Method美則清潔用品則打破這個方式，藉由包裝讓家裡的主人喜歡把它放在最明顯的位置，而且能夠向客人炫耀它美麗的包裝設計。因爲其產品設計出自於世界三大工業設計師的作品，比起環保和清潔力，顧客更易受到產品設計所吸引，而將產品放在購物籃裡。

產品品質

購買洗髮精時，常常在乎味道，你在買環保清潔用品的時候也會如此嗎？美則清潔用品的發明者之一，則是期盼打開清潔劑時卻有如汽水般美好的感覺。

在台灣清潔劑總是會讓人覺得有毒、強酸，在標籤上寫著有毒，必須遠離眼睛、遠離你的手，而美則清潔用品則是打著：「只使用椰子油等天然原料，吃下去也沒有問題。」

產品本身環保，清潔力又強，有高雅的香味、美好的包裝，請問這種環保產品誰不愛？這也是產品品質邁向最高端境界的代表品牌之一。

三、產品設計

可使產品更具有獨特性。如果產品設計不佳或平凡無趣，可試試加上生動活潑的設計，使產品的銷路增加。如Swatch手錶，讓原本平實單調的手錶，充滿炫目燦爛的色彩，也讓Swatch產品更添人性化，與顧客之間更親近。另從2011年開始，Puma發現他們獲利當中純淨利越來越少，但是對於環境的影響越來越大。他們觀察供應鏈有一些環境的問題存在，首先是鞋皮，鞋子使用牛皮製作，養牛需要飼料、食用水，甚至養牛排放的廢氣，對於空氣有很大的影響。因此Puma決定尋找非牛皮的其他材質，最終在一年之後以再生材質爲原料的鞋子亮相了。

經由這一連串減少供應商對環境的影響，Puma找到最好的品質改良，不僅可以告訴消費者爲什麼使用替代牛皮、可用較低的價格購買，作爲ESG的行銷宣傳外，還可以名正言順要求政府下調進口關稅及成爲遊說政府的說帖。

第三節　品牌決定

品牌是一個名字（name）、符號（sign）或特殊顏色的組合，這可以用來區分不同的產品，更可以增加產品的價值。如果把各種產品的品牌拿掉放在路邊攤，沒有人願意支付同樣的價格，更可能連十分之一的價格都不願付出。

正因爲品牌如此重要，所以許多公司不敢放棄品牌，甚至連農產品、稻米也要掛上池上米、濁水溪米、國寶米才受喜愛，雞肉則要是放山雞才可以。不僅農業要品牌，連高科技的醫學產品，也要掛上品牌，當掛上聯安、安法的名字，收費便要比其他診所要來得高些。

同樣的，品牌也可以區隔競爭者的模仿，讓現有品牌得到法律的保障。也可以讓消費者在忙碌之中，可以有放心購買的標準。若沒有品質保證的品牌，亦無法產生產品利益忠誠度。一個好的品牌會產生多少利益？沒有人知道。但在全世界提到麥當勞、柯達、可口可樂、IBM、迪士尼、Sony、P&G等知名品牌，幾乎無人不曉。品牌不僅可以增加收益，更可以延長產品生命週期。Levi's在2015年開始的計劃中，與各國眾多知名音樂藝人合作，爲想學習音樂、成爲音樂家的地方青年免費提供高水準的音樂教育，並創造出道機會。2017、2000年在世界各國爲年輕人找尋找音樂夢，以音樂與Levi's品牌結合，更獲好評。

一、家族品牌

就是每個新產品都用同一個產品名，例如：光泉優酪乳、統一星光果汁、黑松系列產品。共同品牌決策可獲得許多好處，一些新產品因爲有舊品牌的支持，可以較小的風險進入新市場，在短時間內達到其經濟利益。但是每一個品牌的銷售量、市場占有率、品質，甚至每個產品經理的素養及對市場看法的不同，如何共用一個品牌，有時更是交互拉扯。甚至有一個品牌發生問題、醜聞或巨變，是否會造成整個品牌的損害？這便是值得思考的地方。例如：吉列刮鬍刀推出錄音帶及女性香水，你會去買嗎？以舒潔爲例，「舒潔」以紙巾、餐巾紙、衛生紙以及其他消費性紙製業聞名，可是，當舒潔走下坡時，一般人還是認爲他是紙製品的巨人。可是當多種產品使用同一種品名時，這些產品都會把舒潔的基礎慢慢吞噬，越多的產品冠上舒潔兩個字時，舒潔對消費者的意義就更加減少，直至購買者不再認爲舒潔是衛生紙的代名詞。

二、多品牌

在相同的產品類別中利用不同的品牌，其中佼佼者是P&G（寶鹼公司），公司爲了購買動機不同的消費群，建立不同的產品特性而採取多品牌。多品牌產品可以讓公司占有許多空間，使消費者能接受更多公司的產品，也是一種相當好的辦法。

但推出多品牌的主要缺點是，各種品牌僅占有市場的一小部分。因公司把資源分散到太多品牌，無法如共同品牌集中火力去做促銷，所以一些採用這項產品品牌策略的公司，也慢慢集中到幾個大品牌中，以免資源過於分散。因爲公司的行銷人員知道在消費者心中，有一個所謂的蹺蹺板原理，一個名字無法代表兩種不同的產品。當一種產品因一個品牌大發利市時，另一種產品若冠以相同之品牌名，則可能會一敗塗地。

第四節　命名決策

品牌的名字是消費者對產品的一種聯想及稱呼，而這個命名必須有助於傳達產品的定位、區隔及對消費者的貢獻。品牌名稱有不可逾越的界線，也就是不該選擇和產品總稱相似而完全沒有品牌獨特的名稱。舉例而言，「沙拉脫」是所有洗碗精的總稱，當你告訴家人請他在超市買一瓶沙拉脫回家時，他可能會問你哪一個品牌的沙拉脫？因爲沙拉脫是所有洗碗精的代名詞，他並不會認爲這是一種品牌。挑選品牌名如同參加一場賽車活動，爲了要獲勝，你一定要冒險，但如何減少錯誤也是必要的學習。

命名的要件

1. 確定產品的定位、區隔、目標市場。
2. 能協助消費者了解產品及增加知名度。
3. 簡單易記（不可有諧音）、易讀易發音（更要記得不是所有消費者都是高級知識分子）、反映產品的個性，例如：過去芝柏錶中的醫生錶，斯文有型。
4. 不可有相同的產品名：要注意到市場上相似的產品中，是否有類似的產品名，那怕是相似的品名都要避免，以免引起不必要的誤會。
5. 品牌要辦理法律登記，才可以受保護：過去在中東國家，有一位留學生因爲認爲麥當勞的產品相當優良，所以當他回到自己國家時，便用此商品名先註冊，等到麥當勞想到此國行銷時，便需付一筆權利金給這位留學生了，因爲這個人有了法律登記的保障。當選用一個新的產品名稱時，一定要記得取得法律之保障。
6. 品牌命名需有其意義：當品牌具有命名意義時，才可使品牌具有永久性。克寧奶粉在中文的字意上，不易看出其所以然來，但以Milk來看Klim，便可知其品名來源，這是一個相當特別的命名方式。在命名過程，可能用腦力激盪或問卷方式，得到10～20個合適的名稱，再加以研究、探討決定最後的名稱。而在命名中，Sony的Walkman便是精典之作，不但將產品解讀清楚，又好讀好記。
7. 產品改名：2006年丹麥東能源成立，2009年哥本哈根舉行第15屆氣候變遷大會，向國際尋求共同對應氣候危機的方法，當時東能源的石化燃料火力發電占85%，再生能源事業占15%，但計劃2040年要完全改變他們的事業結構。加速變革的機會在2012年，天然氣價格下跌90%，新的CEO決定宣布開始從黑色能源轉爲綠色能源，出售、撤銷黑色能源的8個部門，並改名爲沃旭能源（新命名源於丹麥科學家的熱情和對自然的喜好，發明電流磁效應，奠定的發電領域的基礎，所以他們希望公司所有的能源未來是源自於綠能，即自然的可再生能源）。爲了符合新名字，沃旭能源不斷出售石油及天然氣，全面停止使用煤炭燃料，並試圖擴大風力發電機規模，結果成功節省60%的成本，增加了30億美元以上的收入。目前沃旭能源已成爲世界最大風力發電公司，全球占有率超過30%。這是一個特別有意義的命名，讓公司、產品皆符合名字的意象，也符合ESG精神。

第五節　標示與包裝

包裝具有保護、運輸、增加產品價值及促銷產品之功效，但在行銷上的包裝，乃是指包裝整個創意的過程及經過。

一、包裝的功能

在過去，包裝被認爲是一種附帶行銷的決策，但目前包裝已被含括在設計產品的決策之中。產品包裝需要執行許多銷售任務，需要吸引顧客注意，描述產品的功能特色，給予消費者美好的第一印象，且建立品牌形象。

當然，包裝也提供分辨產品的功能，甚至作爲區隔產品的手段及方法之一。香水包裝更是帶來可觀利潤的重點，有的消費者甚至是爲了送禮買下高貴的包裝，因爲他們僅是用來饋贈而非自用，包裝比內容可是重要許多。日本產品也有相同的包裝原理，不管內容物是否可口，包裝精緻是相當重要的。但近年來環保意識受到重視，包裝的方式也有所轉變。

二、包裝的種類

因為時代改變，材質變化大，許多產品有更多樣化的包裝。

1. 接觸到產品的包裝稱為初級包裝。如：食品的主要外包裝、飲料的寶特瓶、化妝品的外盒容器。
2. 不與產品直接接觸到的包裝稱為次級包裝，ESG希望大家減量包裝。例如：糖果餅乾的外盒包裝、酒類的盒裝、精品的禮盒包裝。
3. 次級包裝外還有的包裝，稱為第三級包裝，也就是所謂的運送包裝。包括：啤酒的運送塑膠盒、六盒喜餅的外裝紙箱。

廠商必須為產品設計標示，它是貼在產品上的一個簡單籤條，也可以是一種精心設計，而且和產品成為一體的圖案。但最基本的功能，則是要把產品的內容物標明清楚，其中應該包含產品的製造商、製造地點、製造日期、內容及使用方法。

目前台灣在標籤上要求營養標示，越是把產品的內容物標明清楚的廠商，越會受到消費者歡迎。例如：7-Eleven在所有速食產品上，都標明營養價值及卡路里，讓不得不外食的上班族及減重族，都可清楚知道自己早、中、晚餐吃進的卡路里，更可有效控制體重，也因這個小小的標示，讓7-Eleven貼近顧客的心，獲得消費者的口碑。

圖 3.2 黑蒜頭

圖 3.3 面膜包裝

資料來源：圖片由基恩國際管理顧問股份有限公司提供。

因爲疫情，網購受到宅經濟影響而蓬勃發展，網購帶來大量包材、包裝，造成環境負擔，環保署在2023年公告大型業者要達成包材減量規範，且不得使用含PVC材質之包材，紙類包材需有90%以上回收紙含量，塑膠包材須摻配25%以上再生料。

產品計畫實作篇

‧思考問題

1. 購買產品的利益爲何？
2. 產品的價格如何？
3. 我們所提供的服務及售後服務有哪些？
4. 我們的產品是否有特殊設計？或其他特殊利益？
5. 我們的包裝如何？可以引起注意嗎？或能保護產品嗎？產品有何需要改進的地方？

‧重點提醒

1. 這個篇幅需要把產品特色全然的表達出來，若是企業產品有任何獲獎，更可以完全整理出來，讓企劃案讀者對你們的產品印象深刻才是最重要的。
2. 產品特色更是相當重要的項目，可以一目了然更佳。

行銷環境

行銷企劃案之步驟

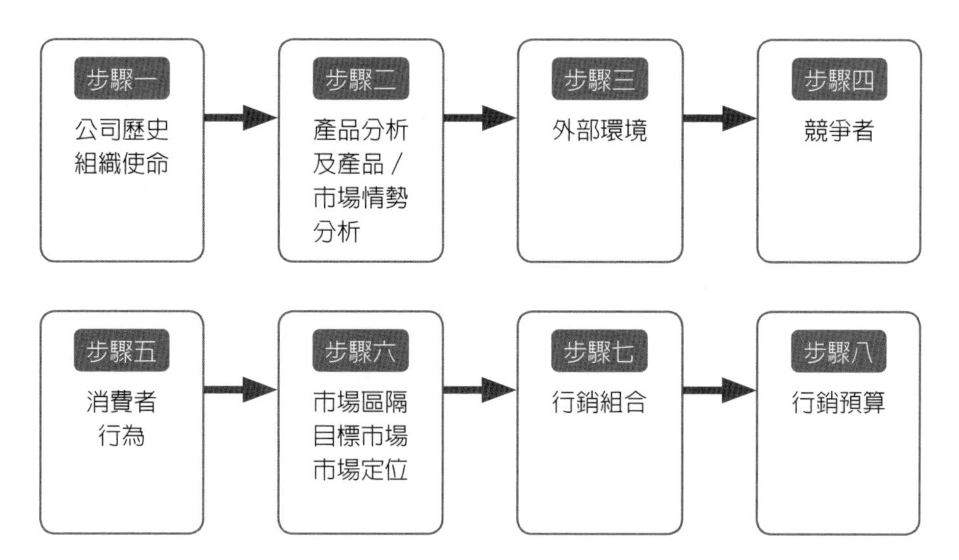

外在的環境會影響你的產業及企業，考慮現今的環境及對企業所造成之壓力或幫助，加以分析及評估，其中包括直接環境及間接環境之影響。唯有考慮組織之環境後，方能做出更優良的行銷策略決策。

行銷環境概念

第一節　產業環境

外部環境可以分為直接及間接的環境，以下直接環境（產業環境）是利用麥可・波特教授所提出之五力分析來加以探討：

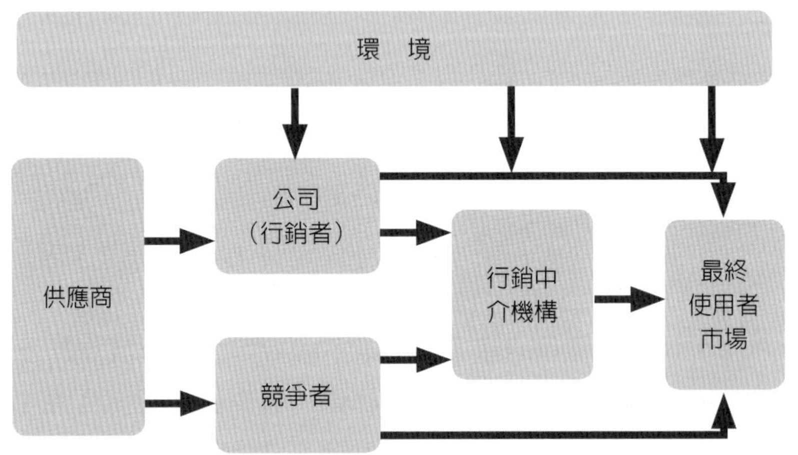

資料來源：Kolte、Aug、Leong、Tary 著，謝文雀譯，《行銷管理》，p. 13，華泰出版社。

圖 4.1　現代行銷系統

一、供應商之交易能力

我們與供應商的關係如何？我們的競爭廠商與供應商的關係又是如何？是值得我們關切的。日本的企業與供應商組成關係聯盟，他們不需有太多的存貨，因為他們的供應商可以給予即時存貨管理（just in time）。過去美國的Walmart也與他們的供應商組成Make in US，使他們因有愛國的情結，而更讓彼此團結。行銷人員對於供應來源的短缺或延遲、罷工或其他事故，都會影響產品的交貨及品牌信譽。所以，如何與供應商保持良好關係，也是相當重要。

二、消費者之交易能力

消費者如何看待我們的產品？他們是否喜歡我們的產品？是否喜歡我們的企業？了解顧客到底需要什麼？許多企業都是以自身為出發點，他們出售的是他們想出售的產品，事實上出售的產品必須是消費者想要、所需求的。基恩國際管理顧問股份有限公司每一次與消費公司合作之餘，必然與客戶有良好的溝通，了解每一家公司的需求後，才能符合客戶的需求。所以，他們所完成的設計、顧問、教育訓練，皆可滿足顧客的心。

有些產品因供不應求，所以消費者的交易能力弱（也就是供應商強勢）；有些產品如某些名牌醫學美容診所，因為醫生是專業的品牌，沒有消費者敢向醫師討價還價，所以消費者的交易力變弱。

過去幾年中，因為疫情及永續議題，消費者所在乎的事情和過去大不相同，似乎需要大大加以思考，什麼才是消費者心之所向，這幾年的巨大變化已和過去的思考過程大為不同，健康、環保是二大選項。

三、替代品

如果在同一個產業中有許多的替代產品，便會使商品的競爭力減弱，需花更多的力氣才能占有市場，尤其現在各種商品的替代性強，想要獨占市場是何等不易。以飲料市場為例，由於替代品太多了，所以每一家公司便需利用廣告、活動及公關事件，來讓自己的品牌產品成為不可替代的，如此才可使銷量高居不下；而對於低價位且替代性高的產品則要加強廣告以及其他活動，以保持其不可替代性。

四、進入障礙

進入產業的難易度不同，有些市場因爲其技術及所需資金相當龐大，所以會產生進入障礙，如此便不易產生競爭者。例如：有專利、授權、規模經濟、信譽及特殊通路之要求，醫藥界在一片不景氣的情況下，成爲唯一屹立不搖的金字招牌，看到藥品界如此有利潤，想要加入行列，卻發現此行業是個進入障礙頗高的產業，不易加入，包括R&D的費用、新藥人體試驗費用等，在在顯現其高難度。生化、汽車產業也是另一個進入障礙度相當高的行業，因爲R&D的費用高，且在把實驗室產品轉化爲市場商品時，常會遭受困難。所以一個成功的生化產品，乃是許多辛勞科學家在實驗室中的努力，加上精明的行銷專家包裝而成的產品，當然是得來不易。

目前產品進入歐美國家，需要審核產品的碳排計算，更會是一大進入障礙。

五、競爭者

如何在市場上得到勝利？就是要有專門的部門或人員負責蒐集市場競爭者的資訊。競爭的SWOT常常有所變化，所以也要將競爭所做的每一個行銷動作加以了解及分析，讀者可仔細閱讀第五章。

第二節　總體環境

總體環境是指一個國家的外在環境，其中包括一個國家的人口統計變數、經濟環境、政治法律環境、自然環境、社會文化環境。

全球經濟在這幾年中，皆預測呈現不均衡或不確定成長，甚至許多經濟學者都是預估衰退，因爲太多變動繼續產生，如：極端氣候變化、新冠疫情變種、能源危機、驚人的國際戰爭、不斷地通貨膨脹等相關風險。在這些不確定性的因素沒有達到穩定時，整體國家經濟想要復甦，更是難上加難。

一、人口統計環境

1. 人口成長及老化

亞洲人口增長，卻是快速成長在經濟漸不富裕的國家。生活水平、落後之國家，因醫藥水準低，爲了想養活小孩，只能多生些小孩，形成孩子更多而無法有好的生活水準之惡性循環。例如：生長在印尼垃圾山的小孩，生活環境差，人口卻增長快，眞是令人扼腕。

台灣每月出生人數都低於死亡人數。根據國發會推估，因爲人口快速老化，使人口減少將日益增快，未來每一位工作人口要負擔一個工作人口，負擔明顯過於沉重。

2. 教育

全球高教趨向普及，台灣高等教育除了比加拿大低，亦與日本相同排名，並列全世界第二。所以，重視外型在這些高教普及的市場中也相當重要，這些消費者也許在乎外型勝過產品內容。

3. 性別

不同性別對不同產品都有不同的看法。例如：許多女孩在夏季大熱天中，討厭穿上絲襪，但是對於男性來說，穿上絲襪是一種禮貌。有些是相當主觀的，但有些卻是來自性別的差異。

4. 年齡

因爲台灣國人壽命延長，老年人口繼續成長，2018年超過14%成爲高齡人口，預計2025年超過20%邁向超高齡社會。這代表抗老化、健康產品會大受歡迎，各種延伸學習在壯世代也會受歡迎。

5. 收入

一個國家的國民所得及所得分配是相當重要的，尤其要販售單價較高的奢侈品時，便需要考慮、了解國家整體之購買力。目前我國國民GDP排名約爲全世界第十四，愛爾蘭、盧森堡、新加坡則爲全世界前三名，而且排名前三名皆高於台灣二倍，在歐洲購買精品力強，皆因其收入高於全世界。

二、經濟

每個國家，甚至每個都市，所得水準與分配皆有很大的差別。其中包括許多層面：

1. 景氣循環影響

目前全世界的景氣都不佳，企業如何突破重圍，讓公司在此環境下仍可獲利，此爲重要課題。

2. 所得的改變

當所得提高時，可花用的金錢更多，許多高價位的產品也會應運而生。然而失業所導致的所得降低，則可能會造成產量過剩。

3. 個人可支配所得的改變

此項與所得有相當大之關聯，因所得之改變，也會影響個人可支配所得的改變。目前有許多因爲政治而受影響的國家，例如：阿根廷、印度、尼泊爾，這些都是因政治而影響經濟，而且慘遭經濟崩盤、金融體系崩潰。

三、政治法律

2022年8月美國簽署晶片法案，被視爲美國啟動跨國晶片產業的大戰略，這種夾雜政治、法律、軍事的強權爭奪、政治衝突，會因俄烏戰爭、中美對峙、台海、南北韓而直接影響每一個國家政治、法律。

四、科技或技術環境

我們可以運用科技提供更好或更能滿足新需求的產品，如：有何種新的技術可以降低成本或售價，或新的行銷及管理技術用以增加產品競爭力及其他競爭力。

目前的科技是日新月異，如果企業無法趕上科技的浪潮，在下一波的新潮流中便會消失，所以有許多外商公司每年提撥數十億研發經費，以增強未來的競爭力。杜邦公司長期研究把萊卡的化學原料用在各種布料中，如今在這項科技中獲得相當好的成果。

如果某些產品的主要消費群是新新人類，若不注意科技與資訊的問題，可能很快便會退出市場。未來WFH（Work from Home）所需之技術科技，零售電商不論在疫情、在未來，都需要更多技術環境所注目，而元宇宙、在家醫療則是科技醫療所著重的方向。

五、自然環境

這是目前最嚴重的議題，氣候變遷、碳排放及各式能源短缺造成的成本高漲，過去是議題，目前則已成爲實質支出成本，都是現在要正視的問題。

1. 各種原料短缺

   因爲目前全球的資源有限，每一個企業都需面臨這個問題。石油、瓦斯、森林、水利等都是能源，只要是企業都需正視此自然環境，哪怕你的公司在表面上不需使用到任何一種自然資源，但只要用到紙、汽車等，皆可列爲使用到資源，因這些都會造成森林被砍伐殆盡、石油被用完之危機。

2. 能源成本的增加

因為許多地方拒絕核廢料的存放，所以需要更高的成本把核廢料運往其他國家，讓許多公司皆要考慮使用能源之成本。

3. 汙染問題日趨嚴重

空氣、噪音、水汙染、垃圾汙染，這些都是令人心煩的問題。如何保護我們的環境？如何讓汙染源離開我們的生活？如何保護地球？企業是否重視自身利潤勝過環保？

4. 政府單位在乎環保問題

因為各國政府日漸在乎環保問題，所以企業的環保成本也提高不少。但也因政府在乎環境，更保護了消費大眾的安全、全國的環境及後代子孫。

六、社會文化環境

個人終其一生都生活於群體社會中，因此社會中之傳統、文化、習慣對人類影響頗大，行銷人員唯有更加了解社會文化環境，方可將行銷策略運用得恰到好處。

1. 人口成長率下降

目前有些年輕一代因害怕自由受限制、身材變化，及自己生活品質的改變，所以人口成長率下降許多。在法國甚至養寵物的人數比養小孩的人數多，這是許多歐美先進國家的隱憂，也代表台灣的潛在危機。

2. 國家人口的老化

當一個國家人口中，7%超過65歲時，便代表這國家已進入高齡化，這也代表每一個負擔家計之成年人的壓力更大了。在中國大陸一個小孩長大成人以後，一個人更要負擔六個家長的費用。

3. 兒童、青少年消費力高漲

因爲每一個家庭中的孩童數不多，所以每一個孩子都集三千寵愛於一身，所以可支配額也提高了。往往一個月的零用錢、手機費高達數千元或上萬元。這些青少年及兒童常會把錢花費在漫畫書、電腦遊戲、手機、模型、網路咖啡廳等，而且他們可以一擲千金而不眨一眼，這是最盲目且最趕時尚的一群。

4. 家庭結構的變化

很多的家庭因時代改變而有所變化，因爲家庭狀況已有太多的不同。包括：

(1)非婚姻同居人口數增加：因對婚姻及家庭信心不夠，或者在外工作，不得不與朋友住在外地。

(2)成年子女與父母同住：在外租屋費用高漲及景氣不佳，雖已成年卻只能回家與父母同住，以節省費用。

(3)許多未成年孩童成爲家中之採購者：因父母在外上班，家中許多簡單的採購交由孩童負責。

5. 雙薪家庭的增加

因爲一個人的薪水無法應付現今生活，或者想享受更好的物質生活，必須夫妻二人都上班，以增加收入。這其中也產生許多商機，例如：如何增加做家事效率的洗衣機、烘乾機、洗碗機、燉鍋、製麵包機、製麵機等，這些都是因雙薪家庭增加而產生銷售量。

6. 國際化、全球化

因爲目前的社會文化已是國際化的時代，所以不管是產品的設計與規劃，都要有全球化的概念。

外部環境實作篇

‧思考問題

1. 目前社會有哪些變動？
2. 哪個行銷環境會影響你的企業？
3. 政治的不安是否會影響到你的產品銷售？
4. 你的行銷計畫中，環境的變化是否立即會影響銷售？
5. 有沒有新的高科技加入，立即可增加消費者的喜愛？
6. 自然環境是否影響到產品生產？

國內之人口統計變數是否因爲消費者習慣變化而有所改變？每個族群是否因不同文化而影響到產品趨勢？

‧重點提醒

1. 當企業面臨外在環境，總要多方思考，只要針對個案中所需，不需要把所有大環境及產業環境皆考慮在內。
2. 尤其是針對企業所面臨的市場及市場需求，許多環境中不需考慮政治或法律，因此企業產品沒有政治或法律環境方面的問題。
3. 本個案僅針對中高級鐘錶業相關之行銷環境做分析。

問題討論

1. 目前全球相當不景氣，請問政府可以用何種方式來促進景氣復甦？
2. 爲何安隆事件在美國的政治、經濟，甚至在許多行業都造成深刻地影響？
3. 試想加入WTO之後，對於台灣的經濟會有多少影響？
4. 在目前日新月異的科技發展下，試想過去的手機到今日的手機功能變化，未來手機會有哪些特殊功能？
5. 環保署表示將在大賣場、百貨公司限制使用塑膠袋，這是否在生活中造成許多不便？你認爲此項政策可否成功？爲何會有此項措施？
6. 全民樂透彩運動在經濟、政治環境中將造成何種影響？你的看法爲何？

課堂討論題

當許多公司前往世界各國投資時，你個人認爲如果貴公司前往國外投資（或你心目中的公司），將會面臨何種大環境的問題？如果你被派往外國，你最擔心總體環境中的哪一部分會有適應的困難？爲什麼？

競爭環境策略分析

行銷企劃案之步驟

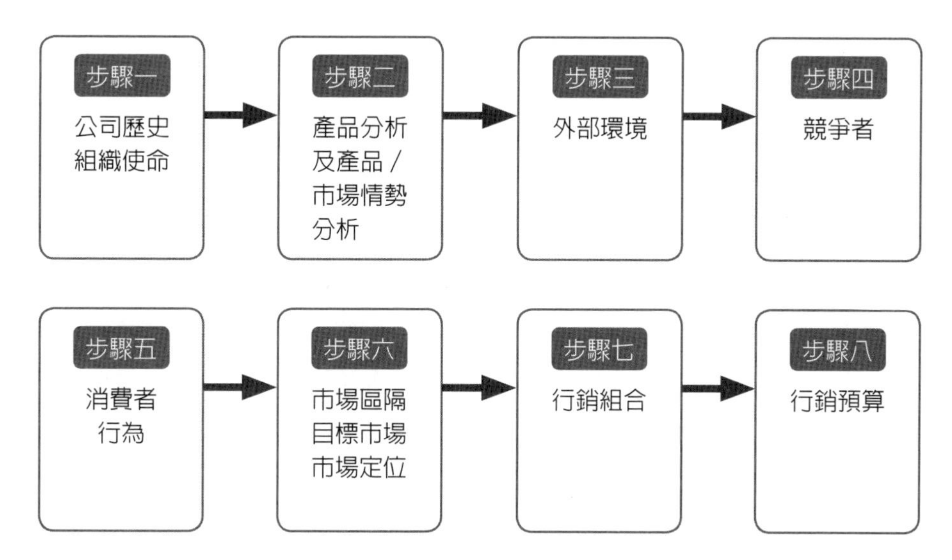

把企業主要競爭對手的所有情況加以描繪，包括競爭對手之組織強度、市場規模、銷售促進的能力、市場區隔之異同等，並加以了解。

競爭者概念

第一節　競爭策略目標

Michael E. Porter（1998）提出，在產業內的每一家公司都有一套競爭策略，並經由各部門的一連串活動演變而成。但需要公司各部門團隊合作，否則就算用盡力氣，也很難獲致最佳策略。

發展競爭策略本質上就是要為公司策定出一套適用的公式，了解企業如何競爭、應該設定哪些目標、需要哪些政策、資源及人力來配合。考量競爭策略制定時，必須考慮影響公司成就極限的四個要素：

1. 公司的長處與弱處

   相對於競爭者而言的資產及技術概況，包括財務來源、技術現況、品牌認同、品牌忠誠度等。

2. 組織的個人價值

   主管的個人價值及策略選定後，執行人員的動機與需求。以上兩個部分加總後，便成了內部極限。至於公司之外部極限，則是指公司所處之產業的大環境而言。

3. 產業的機會與威脅

   加入此產業的風險和潛在報酬。

4. 社會的期待

   政府政策、社會關切事項、風俗演變，以及許多類似事項對公司的影響。

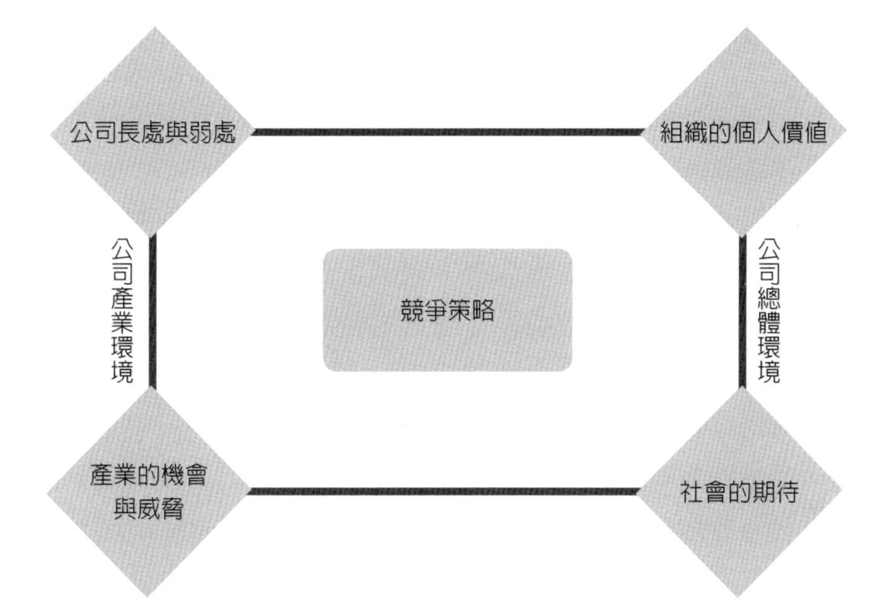

圖 5.1 競爭策略

資料來源：本圖改編自《競爭策略》，Michael E. Porter 著（1998），p. 7，天下文化。

公司要考慮此四大要素，方可發展出一套實際可以施行的目標與政策。

第二節　一般的競爭策略

就一般而言，有三種競爭策略可以獲得成功，可以利用這三種策略超越其他公司。

一、低成本優勢

利用公司可以取得較低成本的人力或原料，進而降低產品成本；方法包括：或因經驗累積後所獲得的成本減少，或是高科技研發後所省下的成本，亦可能是嚴格控制成本。過去泰國、中國有人力優勢，因經濟興起，許多大企業遂前往更多第三世界，找尋原料及人力。

二、集中策略〔利基（niche）〕

1. 儘管是針對某些特定區隔市場集中全力，建立市場地位，這些區隔市場通常不是最大、最主要的市場。
2. 採取集中策略仍需有其他優勢作爲競爭的後盾依據，否則仍難以長期獲利，競爭者遲早會尾隨而至。集中策略是經由評估企業自己的資源能力，而選定在某個區隔市場或產品線深耕的策略，其優點爲避開擁擠的大市場及強大的競爭對手，而可以擁有專業的形象與知識。例如：勞力士便鎖定高級的機械錶爲其集中策略的基礎，其中以品質、服務爲其後盾。雖然此市場並不如飲料或喜餅大，但是在台灣每年約有65億的市場量，也並非小數字。

三、差異化（differentiation）

這裡指的是企業所提供的產品或服務，與競爭對手所提供的有明顯差別。因此，這些差別屬性對多數或部分購買者是有價値的，而且願意花更多的金錢去購買。

三星電子產品過去因爲沒有足夠的清楚定位，以及無低成本的OEM廠商作爲其後盾，只好在創新上努力往前衝，所以今日的三星不但成爲韓國的大廠，更是以差異化的產品策略成爲亞洲第一的公司。所以，利用創新、材質美化或品牌形象等，也能成爲差異化的立足點。

四、其他注意事項

除了上述功能外，在競爭方面另有一些成功要件可以注意：

表 5.1 競爭成功要件

一般性策略	技術與資金的共同要件	組織的共同要件
集中策略	□有資金可投注，且有取得管道	□成本控制
低成本	□流程技術 □嚴格的督導員工 □產品易於製造 □低成本的配銷制度	□頻繁且詳盡的管理報告，組織權責分明，量化、規格化，且需要大量員工
差異化	□穩定且堅強的行銷能力 □產品處理技術 □創造力充沛 □研究發展能力佳 □公司以品質或科技領先 □在產業界享有盛名，或與其他事業有截長補短的機會 □獲各通路充分合作	□密切整合公司各部門，以主觀評鑑與激勵部屬來取代數量評估 □以良好的環境吸引高級技術勞工、科學人才、創意人才

資料來源：修改自《競爭策略》，Michael E. Porter 著（1998），pp. 58～59，天下文化。

雖說以上策略可以任選其一，但是有些中小企業可能連其中一個都發展不出來，這種公司便處於相當貧乏的困境中，既沒有龐大資金，也沒有市場占有率，又無法發展R&D，也沒有夠精彩的產品可以集中焦點做行銷。他們又該如何是好？在夾縫中的痛苦，要如何掙扎且突破難關而出？

一旦卡在中間，公司通常要花些時間持續努力，才能全身而退。基本上，採行一般性策略也有其他風險，須在了解這些風險存在後，才能有所改善。

1. 成本優先之風險

(1)因技術變革之迅速，使得公司需不斷投資設備，過去設備及學習常會血本無歸。

(2)產業新加入所購得的設備反而更先進，而且學習的成本較低。

(3)因太重視成本，有見樹不見林之虞。

(4)因成本的膨脹，無法維持價格優勢，更無法對抗其他品牌的差異化優勢。

福特汽車在1920年代的成本上頗具優勢，不管是向後整合、自動化及積極透過學習來降低成本，但福特的消費者卻因收入漸漸豐厚，開始講求汽車之款式、風格、舒適，而更多客戶更因生活型態的不同，而要求特色、設計。此時，競爭對手通用汽車則利用此機會點，改用一系列的新設備。反觀此時的福特公司，卻因投資太多的舊設備，反而失去了低成本的競爭優勢。

2. 差異化之風險

(1)差異化之公司與低成本之企業，彼此間所在乎的重點各有其不同，但在經濟不景氣之際，客戶可能會為了省下大筆成本，而犧牲差異化的特色。

(2)差異化的距離並不明顯，因產品的生命週期已漸臻成熟。

(3)買主不再在乎差異化。以目前觸碰式的手機來說，不再有品牌的差異化，只有功能的差異化，原有的差異化特性已消失，只有價格被突顯了。

3. 焦點策略之風險

(1)低成本的大公司與焦點化的小企業之成本差距頗大，當低成本公司看上焦點企業的產業時，整個市場可能就會消失。

(2)當其他競爭企業看到市場中更小的目標市場時，便比焦點公司更焦點了。

(3)當公司再集中於焦點產品中，就失去其焦距了。

第三節　分析競爭者

大多數公司對競爭對手的現行策略、長處、短處，都可發展出如圖5.1的策略，但卻不怎麼了解如何可以預測對手的動向，而這些幕後的因素，才是決定對手未來行動的最大動力。

預測潛在競爭者並不易，但可由以下方式觀察：

1. 也許目前這些公司不在此產業，卻有能力以極低代價打開障礙，如：東森集團進入電視購物、台塑進入汽車業前，又有誰會想到。所以，產業中要特別小心這種有潛力進入此產業的公司。
2. 這種公司留在產業裡，可獲得明顯綜效，如：微軟加入硬體，即可獲得綜效。
3. 該公司在產業內參與競爭，顯然可進一步擴張公司策略。
4. 客戶或供應商有可能向後或向前整合，如長榮航空買下飯店或休閒中心，即是一例。

另一種可能性是購併，因爲合併之動作，會讓原本軟弱的對手在轉瞬間變強大。

以下數項可用來檢視如何加強對競爭者的分析：

一、放眼未來目標

了解某些競爭者目標，便可知道他們所往的方向，以及策略之變革方向。「財務目標」是擁有者所在乎的，但請記得，這不是消費者所在乎的；「品質」才是消費者認爲最重要的。

另外，如果競爭者是大公司底下的一個單位，它的公司可能對這個單位有所要求或限制。所以，成爲競爭者便要有所了解，如果母公司是多角化公司，同樣也需要分析母公司的事業組合。

二、認出每個競爭者對市場的假設

1. 競爭者對自身之看法。
2. 競爭者對所處產業及產業內其他公司所做的假定。

每家公司都根據情況的假定而營運，但其自身認定可能正確，也可能不正確，正如他們對競爭者的看法，有對也有錯。所以，請務必檢查所有可能造成偏差策略的因素。以下可以作爲檢測盲點：

1. 競爭者認爲自己的長處及弱點爲何？是否屬實？在行銷上的說法，是否與眞實相同？
2. 競爭者在某一產品或設計上，有很強的情感認同？
3. 有沒有文化或國家差異性會左右競爭者之看法？
4. 競爭者的企業文化、組織規範爲何？
5. 競爭者對產品的未來需求及產業的未來趨勢，有何看法？
6. 把競爭者現在與過去做比較，找出曾經在哪裡成功及失敗？
7. 研究競爭者的主管人員，藉著外界活動了解對方。

三、現行策略

把每一個競爭者的現行策略整理成書面資料，且好好運用其競爭者策略。

四、能力

1. 眞誠且眞實的評估競爭者。
2. 分析競爭者的長處與弱點領域。

第四節　新類競爭法——價値條鍊

新類競爭法——價値條鍊（value disciplines）是由兩位企管顧

問Michael Treacy和Fred Wierema所提出的新類競爭策略。

一、卓越作業

公司可以藉著產業中的價格及流程順暢化的領導地位，提供優越的價值給顧客，讓消費者因公司創造一個效率良好及作業管理績效佳的傳送系統，以滿足消費者對於品質及優良服務之需求。

在美國最著名的內衣公司「維多利亞的祕密」購物，消費者無論用郵購、電話訂購或上網訂貨，都可以拿到一個訂貨號碼。如果按照正常流程，在美洲可以在五個工作天內收到產品，如果想要提早一天，則加5美元，三天內收到貨品則需加10美元。他們透過另一家貨運公司，負責所有產品的運送工作。如果客戶想了解目前貨物運送的行程，皆可使用訂貨號碼查詢。

另一個在國內以卓越作業著稱的統一超商，產品常會以低於市價售出，是否有利潤？筆者相信其中利潤亦達超過一成，其中原因爲統一採買、烹調，利用大量的經濟規模來降低成本，以獲得更高的利潤，而統一超商所賣出的便當，曾經超過台中改制前全縣的人口數（150萬個以上）。

這種競爭策略，便是利用流程之順暢及經濟規模作業，而成爲優良競爭策略。

二、親密的顧客

以有效的區隔找出合適公司產品的目標市場，並提供顧客親密的服務。這些服務都是細心、貼心的，符合市場及客戶需要。公司所做的一切，完全在建立長期的忠誠度上，且掌握顧客的終生價值。想要有親密客戶，必須要建立「資料庫」，在資料庫記載有關顧客的詳細資料。最近因有些中上階層的客戶群購物時間相當有限，若有良好的百貨公司或公司，能在需要時提供協助，必能有良好的業績。而且在B2B的市場上，更需要建立緊密關係，因爲客戶數較少，每個顧客都提供大量業績，不能不注意，所以這種策略便是相當合適的。

國內著名的亞都飯店，在其硬體設備上並沒有其他大飯店來得出色，但是其軟體服務卻是有口皆碑，因爲其負責人嚴長壽先生是親密客戶的推崇者。當亞都的長期入住顧客過生日時，便會贈送免費蛋糕，只要是接觸過壽星的接待生，都會向入住顧客說聲生日快樂。當你訂下長期住房時，也會收到印有自己名字的信紙、信封及文具，這是相當令人感到溫馨的，讓許多房客都會想再住一晚，而且他們也會向別人推薦亞都飯店。如果你只是前往亞都訂席「杭州菜大餐」，他們在上「叫化雞」（現在改稱皇帝雞）時，會爲主人照下一張威風凜凜的立可拍，讓你留下深刻印象。亞都飯店可說是親密客戶的模範之一。

亞馬遜書店則是另一例子，當你把個人資料留在其資料庫時，他們便會定期E-mail給你喜歡類別的書籍介紹。而且只要你上網瀏覽時，他們會主動向你問候，相當窩心。雖然E-mail是較爲冰冷的，但是亞馬遜書店已盡力將客戶之間的距離縮短。

三、產品領導

把公司的產品提高層次、品質，把競爭者的產品變成落伍、不先進，藉此表達公司所傳遞的價值，但公司也需不斷地推出新產品或新技術，讓企業之聲譽維持不墜。這種企業可以較不考慮價格及購買便利性的問題，而且縮短產品生命週期，讓新產品順利上市；耐吉公司便是這方面之佼佼者。每隔一小段時間，耐吉便推出喬登球鞋，從1號起至16、17號……，都是一有新品上市，便有發表改進的部分，及投入大量廣告說明其產品優點。因此，更讓耐吉在運動鞋界之聲名居高不下。

根據Treacy及Wiersema之調查，便可發現每一個成功及優良的公司，皆很專注且卓越的使用某一價值鏈。但很少有公司可以在兩項以上皆表現良好，如果想要在競爭者環伺之下成為領導者，以上這三種新的競爭策略，便是相當好的方法。

競爭實作篇

・思考問題

1. 誰是你的競爭者？
2. 哪些部分你做得比競爭者好？
3. 競爭者哪些部分做得比你好？
4. 什麼是你競爭者的定位？
5. 你的競爭者是否有新產品的發表計畫？
6. 競爭者的其他管理能力如何？
7. 你的競爭者有哪些促銷活動及重大計畫？
8. 你的間接競爭又有哪些？

・重點提醒

1. 當面對競爭者時，不是所有競爭者都是企業的主要敵人。一個聰明的行銷人員應該知道，自己的競爭者應是離自己最近的敵人，而非與自己相隔甚遠的大企業或小企業。
2. 應把與自己性質相近且企業規模相似的公司做比較，千萬不要亂槍打鳥。先面對主要敵人，並將其消滅殆盡後，再去與其他次要敵人競爭。
3. 越能清楚分析對手公司的產品及能力則越佳。

消費者行為

行銷企劃案之步驟

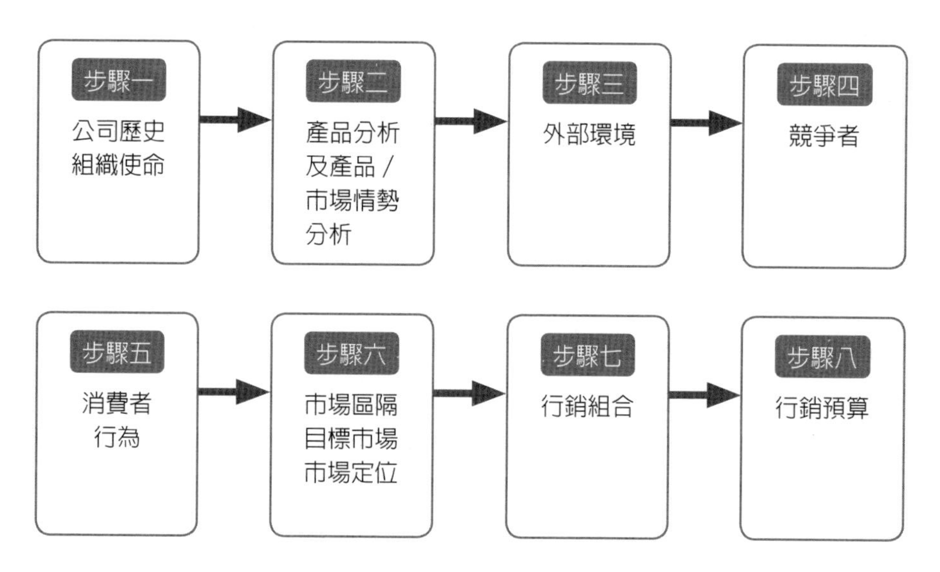

唯有知道消費者的行爲，才可以知道市場在何處、消費者的想法，只有了解市場在何處，才會做出合宜的行銷策略。

消費者行為概念

第一節　外部影響因素

因爲外在的環境，影響消費者對產品的選擇。

一、文化

文化包括知識、信念、藝術、法律、道德、風俗，以及身爲社會成員而取得的各種能力與習慣所形成的複合體。[1]

有許多文化會對消費者產生不可理解的力量，或者因而對某些人產生不同的購買行爲。

二、次文化

在文化中所分別而出的次級團體或是共同的生活經驗，我們稱爲次文化，次文化中包括了國籍、宗教、種族及地理區域。因爲年齡相仿，其次級團體中會產生許多相似的消費行爲。

三、社會階層

社會階層是一個人在社會中及經濟架構裡的地位，可能以收入、教育、職位、往來互動作爲分級基準，階級是有層次的，也就是高社會階層較低社會階層有比較多的社會資源、經濟及政治權力。社會學者會用不同的社會階段來做評論，但行銷人員不容易把這些規劃在區隔消費者上，因爲他們近年來發現，各個階層的購買行爲實質差

---

[1] ***Hawkins, Best & Coney***著，葉日武譯，《消費者行為》（***2001***），***p. 43***，前程出版社。

異越來越小，除非階級層次差別很大。

社會階層的消費者行爲差異如下：

1. 生活消費比例大不同

低社會階層的消費者在食、衣、住的產品之占比會非常高，但中高階層的人會消費更多的教育費及娛樂費。但目前購買股票、出國旅遊、購買電玩產品、購買昂貴手機等，已經無法用來界定社會階層以及作爲參考。

2. 娛樂生活上的差異

社會階層從很多方面影響個體的休閒活動安排。例如：藍領階層的人很少會去加入健身房，或者是租場地去運動，雖然在不同階層之間，可能用於休閒的支出占家庭總支出的比重相差無幾，但休閒活動的類型卻差別頗大。

3. 資訊接收和處理上的差異

資訊蒐集的類型和數量也會隨社會階層的不同而存在差異。中低階層在購買決策過程中可能更多地依賴親戚、朋友提供的資訊，但現在各階層的年輕人對於接收能力越來越強，加上詐騙事件越來越多，且媒體也不足以倚靠，看起來不同的階層資訊處理方式，從以往的相異趨近日漸相同。

4. 購物方式上的差異

人們的購物行爲會因社會階層而異。一般而言，藍領階級的人比較注意耐用性及舒適性來評估產品，而不重視流行或者品牌；但中高階層都會比較注重外觀、流行性，或者比較有助於醫療健身方面的產品。特別是健康養生產品，近年來在中高階層者更是大大的受到重視，還有保險產品也是中高階層者必然擁有的產品，而且有在嬰兒誕生時即購買保險的習慣。

市場行銷過程中的社會階層與消費，對於某些產品提供了一種合適的細分依據或基礎，但現在網路盛行，海外採購也容易，所以社會階層之間的差別性不大。

四、參考群體

指個人在評估其信念、態度或行爲是否合宜時，作爲標準或參考的群體。如果是個人所羨慕、心儀的群體，我們則視爲心儀群體。有許多國中男生皆期望自己有機會成爲職業籃球國手，所以在推薦籃球鞋時，麥可喬登便是最佳人選。對於其群體有排斥感覺的，則視爲迴避群體，有許多女生都視三姑六婆組織爲迴避團體。

葉日武（1997）參考團體對個人的影響來自三方面：

1. 資訊性影響

   參加群體可以獲得更多的資訊，也會因資訊而改變其購買行爲，有許多參加獅子會、青商會的人想從更多人身上獲得對企業有所幫助的投資資訊，或公司合作廠商的財務資訊。

2. 規範資訊

   因爲全體中的個人對全體的認同而產生無形規範，也因此規範而影響購買。許多慈濟人皆會因其群體的規範，而穿著藍色衣服或用藍色髮飾。

3. 識別規範

   個人因參考群體的行爲規範來行動，也就是群體行動的代表。美國大學中的兄弟會及姊妹會常會要求他們的會員進行群體行動，在大學中可以造成識別規範。參考群體更重要的貢獻是在口碑的傳播上，新產品想要好的銷售成績，除了廣告之外，針對複雜性高、外顯性高、不能試用及高涉入的產品，口碑會成爲相當決策性的建議。

如何讓消費者傳播你的產品？

1. 意見領袖（opinion leader，或者稱為keyperson）

意見領袖相當重要，當購買者對產品知識了解得越少，對自我越沒有自信心時，越需要意見領袖的協助。但每一種產品的意見領袖卻不盡相同，因爲沒有人是萬能。某人是電腦高手，他可能成爲電腦方面的意見領袖，但對於家具或許就需要去詢問另一個意見領袖。目前企業界透過資料庫的建置，除了希望與客戶建立關係外，更希望能夠找到可將公司產品傳播出去的意見領袖，不但可以節省廣告費給予客戶報酬，與客戶的關係也可以更緊密，顧客會更加忠心。這是個相當優良的好循環。

2. 家計單位

由單身個人或親戚關係所組成的單位，我們稱爲家計單位。家計單位是許多消費者的基本消費單位，諸如：房屋、汽車、家電及電腦用品，都是以一個家計單位爲主。哪些產品是由家中的男主人及女主人來決定？一般來說，較昂貴及高涉入的產品皆由夫婦兩個人來決定。例如：假期、保險、子女教育問題、房屋等。而由先生決定的產品則是較偏向電子產品及家電類，在美國，先生們最能決定的竟只有工具箱及鏟雪用具，因爲男主人一向把生活重心放在工作上，所以家計大權皆放在女主人身上。這一點值得行銷人員思考玩味，且把家庭各項產品的決策權轉向太太們。

3. 家庭生命週期

把每一種年齡層的人加以區分，大致可分爲35歲以下青年、35歲以上至64歲以下的壯年，以及64歲以上的老年人三種基本生命週期，再依婚姻、子女年齡更加細分。當然家庭生命週期不是一向都如此簡單或統一，尤其現今的時代是如此多變且複雜，上述家庭生命週期不足以含括完整的變項，但如果可以把家庭生命週期與社會階層一起研究，可能更具可看性。例如：上層階級的單親家庭會有傭人協助看顧小孩，但低下階層的單親父母可能要請自己的父母幫忙，或是自己想辦法兼差，甚至借高利貸來扶養小孩，每一個家庭生命週期都有其特別需要的產品或特質值得研究。例如：單身青年不管年齡大小，可以花多一些金錢在服飾及社交費用上。而滿巢I期則會有許多花費使用在小孩的醫療及衣物上，也許年齡、教育程度、社會階層及收入都相近，但因家庭生命週期不同，所產生的消費者行為也就不一樣。所以要細細思量，如何針對不同的家庭生命週期，做出最佳策略，但在做出策略前，別忘了思考現今家計單位的變化及社會之不同。

第二節　個人因素

購買者亦受個人特質影響，尤其是與消費者生活型態、購買情境、動機、認知、態度有關，當然與自己的風格、性格也有其相關性。

一、人格與自我觀念

每個人都有獨特風格，會影響他們的購買行為。人格是指一個人特有的心理特徵，即對事物的獨特見解、看法，且對環境之反應有相對的持久性及一致性的看法。自我觀念則是消費者如何看待自己，或他們期盼對方如何看待自己。也有另外一種人，想與其他人選相同產品（免得太特別），卻又希望別人注意他們（自己是與眾不同）。如何針對多樣化的性格，用產品區隔也是一種行銷藝術。目前使用Apple產品的消費者，便是自我觀念清楚的一群人。

二、年齡、生命週期階級

一個人在購買商品及服務時，會因年齡增加而有所改變。一個人在食品、服飾、家具與娛樂的消費，會與年齡有許多關聯，購買產品也會因家庭生命週期而異。

通常年紀較輕者，才會購買較多的音樂相關產品，而年長者則會購買保健器材；而家庭生命週期中，有嬰兒的家庭才會購買嬰兒奶粉、尿布等產品。今日行銷人員則可針對非傳統的家庭生命週期而加以考慮，例如：未婚生子、非婚姻同居、無小孩伴侶。

消費行爲是千變萬化的，我們常常會爲不同的時代、不同的消費行爲在做考慮。現在最強勢的消費者是壯世代，年齡約爲60歲以上，他們從學生時代開始就知道什麼是政治、開始使用名牌、學習怎樣創造品牌。M世代（即嬰兒潮世代的子女，過去稱爲Y世代）是典型的千禧世代智慧型消費者，擅長數位行銷，面對產品會考慮價格，也會觀察品牌形象、社會要素。Z世代重視多元化的選擇、環境以及動物福利，以及品牌形象符不符合自己的性格都是他們所在乎的。但筆者認爲年齡只是一個大概的分層，消費者本身性格、家庭環境、學歷背景都是更重要的考慮研究主因之一。

三、職業

一個人的職業亦影響商品及服務的購買行爲。大學的教科書，大概只有學生及教師才會購買。而工程用的計算機，則是工程師們的專業用品，對其他人而言，並不需要購買如此複雜且昂貴的產品。而在精品界工作的上班族，當然需要有一些精品才能打扮合宜。所以不同的職業，也會產生不同的消費行爲。

四、經濟狀況

個人的經濟情況，將會影響消費者對商品的選擇，行銷人員要注意其目標群眾的所得變化，以及景氣的消長。在景氣不佳時，則要積極的重新設計產品組合，讓顧客可以感受到廠商的用心及服務。在現今金融蕭條及M型社會裡，不是物美價廉，就是高品質化的產品，即便是再高價位亦可。

五、生活型態

生活型態係指一個人生活的型態，這是衡量消費者的AIO三個構面，即活動：工作、嗜好、購物、運動、社交活動；興趣：食物、流行、家庭、娛樂；意見：本身對社會、政治之看法、意見。生活型態是表現一個人在其生活中與他人、環境的互動情況，是對消費者相當深入的探討，但也是相當不易深入的部分，因爲這是屬於個人的價值觀及生活方式。

美國常用一種VASL的心理統計系統，此架構已普遍在歐美企業界中使用，他們用二個主要的構成要件：自我導向與資源，而將消費者分成八種族群。包括以原則導向的實踐者和相信者，地位導向的成就者與力爭上游者，行動導向的體驗者和製造者；掙扎者則是生活到處變現，長期處於貧困的情況，或者是因年紀大，較注意身體健康；實現者擁有較多資源，大多是學歷較高、社會階層較高者。

原則導向的消費者，是行爲謹愼、保守的消費者。地位導向的消費者，則是地位尋求者，希望在人生中擁有高度成就。而行動導向的消費者，則希望有許多的行動力、刺激性活動。

生活型態也是各種廣告行銷、活動公司喜歡使用來區分消費者的方式，不管是啤酒、手錶、化妝品公司，都是用生活型態來衡量消費者。

六、情境

每一個消費者會因在不同的情境中，產生不同的購買行爲。在此可分爲五種不同的情境來加以解釋：

1. 物理環境

通常是指商店的環境，包括商店的座落地點、內部裝潢、外觀、照明度、背景音樂，這些因素皆可以影響我們的購買行爲。例如：快節奏的音樂會使我們吃飯速度加快，且多次取用食物。高彩度的室內裝潢，則會讓採購者心曠神怡。

2. 社會環境

是指誰與消費者一起逛街、購物，及服務人員的態度。許多女性消費者在購買服飾時，多少都有遇過態度相當惡劣的服飾人員之經驗，但有時則會因服飾人員態度相當良好而購買衣飾。也許這件服飾不是自己最喜愛的，而是因販售人員的態度溫和有禮而購買。

3. 時間壓力

是指消費者購物時可供運用時間的長短。在時間緊迫時，只能快速選購產品。而因爲有時間壓力，消費者往往傾向購買熟悉或知名的品牌，甚至有時只要是所需產品即可，而因時間緣故，無法挑選品牌或外觀。

4. 任務特性

是指購物者自用或饋贈。送禮產品的包裝是相當重要的，而自用產品則重視其實用性。尤其在購買花卉之際，如果是贈送他人時，有時包裝費用可能比花卉本身更加昂貴，如果自用只要用透明紙、簡易包裝即可，這會因任務特性之不同而有所變化。

5. 前提狀態

是指消費者在未購物前所產生的情緒，包括自身的情緒，或者來自他人的情緒。在放假購物前，被主管羞辱一頓，根本沒有購物情緒。而在領薪日心中便會有興奮情緒，前提狀態是喜樂的，此相當有助於購物。

第三節　心理因素

一、動機與激勵

激勵是給予行爲原因，而動機則是理由的本身。每個消費者在購買某種產品時，皆隱藏著複雜的動機。有許多有關動機的理論，本章主要介紹有關馬斯洛的理論。

馬斯洛所主張的需要理論，乃根據以下而得出：

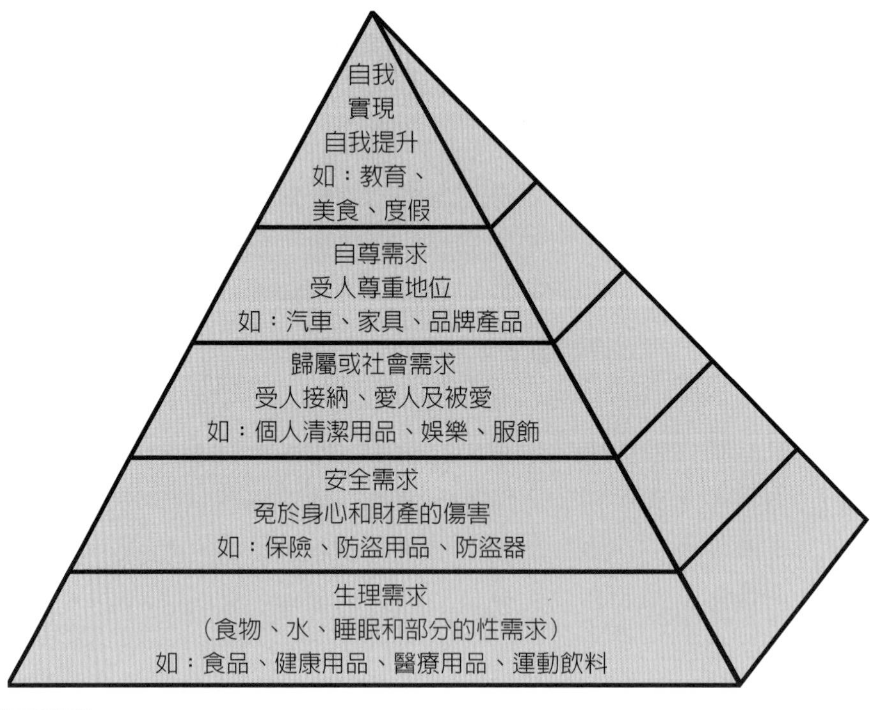

圖 6.1　馬斯洛理論及行銷範例

1. 越在下層的需求，越是重要，而且需要下層滿足後，才會再往上一層。
2. 每個人的基本需求大致相同。
3. 每一個需要層級，無法同時需求及被滿足。馬斯洛是以一般性的消費者行爲爲主，但有時也有特例，而馬斯洛理論最合適的原因，則是符合大眾之需求。

二、知覺與記憶

消費者行爲中的資訊處理，是指從接受到刺激，再將其刺激轉換成自己可以接受的一些想法（資訊）。而中間這些處理模式，可以區分爲暴亂、注意、解讀和記憶這四個階段，前三個階段加起來就是所謂的知覺。

1. 暴露

   可以刺激我們的感官神經，稱之爲暴露。想要讓消費者買我們的產品，便要製造機會，暴露我們的廣告、活動，或公關報導在我們的目標顧客附近，暴露次數越多，越會造成消費者注意。

2. 注意

   感官把刺激傳至大腦，便會形成了注意。在我們日常生活中會有許多暴露，但會造成我們注意的，卻是相當稀少。刺激的規模和密度、顏色與動作、位置、對比……，這都是廣告相當注意的，所以我們也發現顏色較鮮明的較受注意，連續不斷的感受會受到矚目。

3. 解讀

   每個人對一張圖片、文字所解讀而出的意義，都會有所不同，所以有的消費者對小美冰淇淋的黃色包裝有著深刻的回憶及印象，但對年輕的消費者，則是毫無創意可言。每個人對廣告、包裝及所有一切的解讀，皆有不同的看法。

4. 記憶

儲存資訊的能力相當有限，所以記憶是過去學習經驗的全部累積。而且在生活中，我們會自動儲存一些記憶，直到我們需要這些記憶時，再從我們的腦海中反芻而出。

三、學習

許多消費行爲是從廣告、家庭或是其他人身上學習而來，包括其中的學習強度、學習的消滅、刺激一般化。學習的強度會受到下列四種因素所影響：重要性、增強、重複和想像空間。

1. 重要性

消費者越重視所要學習的資訊，其重要性越高。只要學習某些重要資訊或某些重要行爲，就會顯現其效率。

2. 增強

讓既定的反應在未來重複發生的可能性提高之各種事物，稱爲增強。[2]

(1)正面增強：是指令人愉快或想要獲得的結果，是一種獎勵感覺。在自己心情好的時候可以吃到冰淇淋，所以下次心情好時也會想吃冰淇淋。

(2)負面增強：是指消除或避開某種不受歡迎的結果。例如：麻辣火鍋因爲太辣，許多人不敢嘗試，所以餐廳推出鴛鴦鍋，讓全家可以一起享用。

(3)懲罰：與增強相反，是指任何足以降低某種反應在未來重複發生的可能性事物。例如：買一雙新絲襪，打開後卻發現已壞了，所以之後就不再購買此品牌的絲襪。

---

[2] ***Hawking, Best & Coney*** 著，葉日武譯，《消費者行為》（***2001***），***p. 293***，前程出版社。

3. 重複

重複次數有助於提高學習速度和強度，顯而易見，我們對某項資訊暴露越多次，或從事某種行爲越多次，則我們越可能學習該項資訊或行爲。這也是廣告越多，我們越容易記憶的原因。

4. 想像空間

文字可以創造出某些想像空間，不論是品牌名稱或公司標語，都將具有這種效果。而且想像空間較大的文字，比缺乏想像空間的文字，較容易被消費者記憶。例如：愛的世界之兒童服飾，便可知道這是父母的愛，可以讓兒童、嬰兒漂亮的服飾店。

四、態度與信念[3]

經由行動與學習過程之後，人們便形成某些信念及態度，這些信念與態度將影響其購買行爲。信念是指一個人對某些事物所擁有的想法。

人們幾乎對宗教、政治、衣服、音樂、食物等，每件事都有其態度。態度係指一個人對某些事物或觀念，持續抱持的有利或不利的評論及行動傾向。染髮在老一輩的心目當中，是代表不良青少年才會採取之行爲，所以他們對染髮青年有不良的態度產生。

[3] ***Hawking, Best & Coney*** 著，葉日武譯，《消費者行為》（***2001***），***p. 293***，前程出版社。

消費者行為實作篇

· 基本的行銷調查

1. 購買者的訊息？
2. 購買者之年齡？
3. 消費者之年收入？
4. 目標市場之性別？
5. 消費者之職業爲何？
6. 他們所喜好之媒體？
7. 他們在何時購買？
8. 他們爲何而購買？
9. 他們購買什麼？
10. 他們閱讀、觀看、收聽何種訊息？
11. 他們的購買習慣又是如何?
12. 爲何他們購買你的產品與服務？
13. 哪一群人是你最佳的消費者？

· 重點提醒

1. 消費者行爲最重要的是透過一些直接數據資料，或是間接的官方或報章雜誌資料，將廠商所需的消費者行爲加以研究。
2. 芝柏錶因爲要面臨兩方面之壓力及管理，所以需要做有關企業對企業的問卷，藉以得知經銷商的想法。
3. 若公司主要業務是針對企業，僅需要做企業對企業的問卷，因爲眞正的消費者不容易找到（也可能是經銷商不願將顧客名單公布）；若企業對象是針對個人客戶，便需要做消費者行爲調查之問卷。

4. 消費者行爲最重要的，則是了解市場的方向，可協助公司做出更佳的行銷決策。

市場區隔／定位

行銷企劃案之步驟

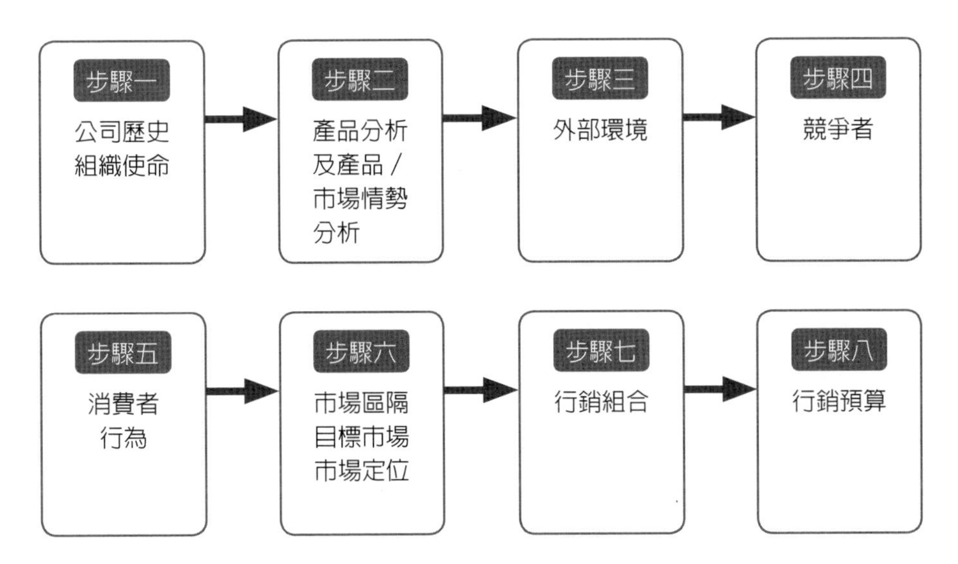

有正確的市場區隔、目標市場及市場定位，才會有優良之產品，有較佳的市場銷售率。

如何做對的區隔也是相當重要，這更是個藝術。

市場區隔／目標市場概念篇

市場是由購買者組合而成，而其中購買者的特性大不相同，他們在資源、居住地區、購買態度、購買習慣上也不相同，每一個小市場便成爲一個區隔，能讓企業提供不同的產品與服務。

目標市場的確立有助於評估各市場的吸引力；以及選擇最合適公司產品、行銷物的區隔市場進入。

而明確的市場定位則可以幫助企業在產品的眾多特性中，選擇最合適本企業及最容易有別於市場上競爭商品的特點，並擬定一個詳細而又具體的行銷方案。

第一節　市場區隔

一、市場區隔的層次

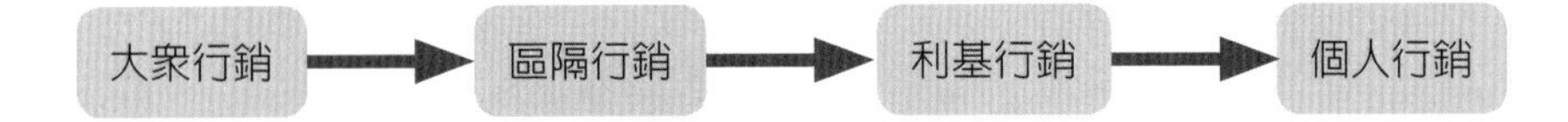

1. 大衆行銷

   這是最古老的行銷方式，因爲有些企業並不知道需要做市場區隔及目標市場，而大部分的公司皆採取成長快速的大眾行銷，也就是以一個產品，經過大量製造、配銷，且對所有的消費者做相同的大量促銷。

   因爲大量製作，可以把成本降至最低，便可降低成本及提高利潤。但現今的行銷人員卻發現，只憑一種行銷方案，就想對不同群體都有足夠的吸引力是行不通的；所以有越來越多的人認爲，大眾行銷的時代已經走入歷史了。

2. 區隔行銷

因爲企業體認到購買者在購買行爲、動機、情境不同時，會產生不同的購買行爲，所以只要將市場加以區隔，便可產生更多的市場機會，而且可以針對顧客的年齡、教育程度、收入等，設計出不同的區隔來滿足他們的需求。

3. 利基市場

通常是市場區隔中較大且較有利潤的一塊，然後專注在此區隔內，滿足他們需求，獲得相當的利潤。正因爲市場不夠龐大，也較不易引起其他競爭者的覬覦，同時也可以深入了解顧客，進而滿足消費者的需求。由於市場不大，市面上販賣商家不多，因而可以將價格提高。例如：信用卡的白金卡鎖定年收入140萬元的高收入族群，以加強其關係，及提供各種免費服務，即是爲了要讓這群高收入的群眾能有更高的滿意度而產生的。

4. 個人行銷

針對不同消費者的個別需求，而量身訂做的產品與服務。現今個人主義的盛行，要回到最初的個人顧客行銷。特別是藉著深具人性的顧客資料庫及電腦檔案，讓每件商品符合消費者需求。目前提供個人行銷的產品，範圍相當廣泛，從衣飾、珠寶、髮型、房屋到車子等均有。企業對企業的行銷便提供此種服務，Motorola的銷售人員可以將顧客所需要的手機樣式輸入電腦，這張訂單則會迅速的把此訂單傳至工廠，2小時便可交貨；這種服務便是顧客最期盼的量身訂做。

二、消費者市場的區隔基礎

1. 地理性市場區隔

是將市場區分爲不同的地理區域，例如：國家、州郡、城市、村落或鄉里，或是以人口密度、氣候來區分。行銷人員可以用集中在某些地區的方式，來滿足消費者地理性的需求。台灣因爲地區較小，不易僅以地理來做區隔，但在歐美地區，每一個地區相當大，便可用此來區分。然而若以都市城鎮來區分時，則可以清楚地明白爲何有許多咖啡專賣店、大型書店僅在大都會地區方可見到的原因。

在東部的許多市中心，是以三商百貨爲中心，也許在台北、高雄這兩大都市，三商百貨無法與SOGO、遠東百貨等各大百貨公司比較，但在東部城鄉型的城鎮，三商百貨便成爲都會中心。這便是三商百貨所採取的方式，寧爲雞首，不爲牛後。

2. 人口統計變數[1]

這是依據人口統計變數來區分市場。行銷人員可以依年齡、性別、家庭人數、家庭生命週期、所得、職業、教育、宗教、種族與國籍來做區分基礎，因爲消費者的欲望、偏好與人口統計變數有極大的關係。

(1)性別

很多產品都是以性別區隔法來區隔市場，雜誌、美容、流行衣飾均用此方法，甚至幫寶適尿布也是以男女寶寶來劃分，相當受到父母的喜愛，因爲男女生理構造本來就不同，因性別不同而去製造合適自己寶寶性別的產品，當然

---

[1] 簡貞玉譯，《消費者行為》（*1996*），***p. 90***，五南出版社。

是貼心的服務。

許多家用品，雖不會指明是女性使用，但購買者大都是以女性爲主。所以，行銷人員在商品設計及廣告中，都是以女性爲主要的訴求對象，包括不同顏色的包裝、香味。花香子及莊臣在此方面做了許多努力，也頗獲女性消費者的喜好，也因此獲得很好的銷售量。

(2)年齡與家庭生命週期階段

消費者的需求會因年齡而有所不同，也會因生命週期不同而有所需要。現在有許多公司分別針對兒童、青少年、X世代、銀髮族等，推出不同的產品。麥當勞早期以快樂兒童餐，打下台灣市場基礎，目前又更改策略，針對年輕人的市場。化妝品也是把年齡區隔使用得相當廣泛的產品，從青少年的上山採藥，到資生堂、YSL、銀白色系列的ARDEN，均有不同設定對象。

家庭生命週期階段則是把一些特別產品送到家中，例如：兒童及成人尿布都是以家庭生命週期階段爲區隔，尤其小孩在嬰兒階段時，會花許多費用在小孩的衣物（因長得太快），及小孩的看診醫療費上，但當孩子上學後，各種教育費都出籠。不管購買各種書籍、玩具、上才藝班，都是以家庭生命週期爲主。但是因爲現今生理年齡已不如過往，有的人結婚晚，家庭生命週期發展得較其他人慢，年齡卻不再相同；也有相同是30歲，但是每個人的各方面需求都不同，所以現在的行銷人員要注意年齡造成的刻板印象。

(3)所得

是許多較昂貴的產品常用之區隔方式，有的公司販賣高價位的產品及便捷服務，當然也有專以較低收入的顧客爲主，因為中低收入戶的人口數本來就比高所得人口數多。最近在台灣有進口商引入日本100元商品，便是因經濟不景氣，但仍有許多中低收入戶希望亦能享受購物的樂趣，所以便有全部商品皆100元的商店產生。但也有貴婦百貨及其周邊商店都以高價位商品來號召的，這些商家的消費者皆需年薪百萬，或者是先刷卡後付款的年輕享受族群，才會購買這些產品。

(4)教育程度

有許多商品從外國進口，或是以最新科技為號召，消費者便需有較高教育程度，對資訊方有吸收能力。

(5)家庭人口數

有些商品，如洗衣粉、洗髮精、小包米等，皆需考慮家庭人口數來設計商品包裝大小及重量。

3. 心理統計市場區隔

根據購買者心理統計市場區隔，可分為社會階層、生活型態或人格特徵，將其劃分為不同的群體。

(1)社會階層

每個社會階層的人，對於汽車、家具、休閒生活、居家環境等，都有不同的偏好，所以有些公司會針對特定的社會階層來設計他們的產品。例如：有些卡車產品是針對勞工階層做廣告。

(2)生活型態

每個消費者選擇自己不同的生活型態，也因AIO（態度、興趣、意見）的不同而組成不一樣的生活型態，因此有許多的產品以生活型態來區隔。也有以不同的人格特徵來區隔產品，例如：有些啤酒區隔以群體活動，或將咖啡定位為品味卓絕、有內涵的人所選擇的。JOHNNY WALKER

的新廣告，則是以高價鑽石或汽車爲一生所堅守的作爲區隔。

4. 行為性市場區隔

根據購買者對於產品的知識、態度、使用及反應，把市場分成不同的群體。

(1)追求的利益

以購買者購買產品所需要的利益，而區隔出的方式。例如：洗衣粉因功用及其利益之不同，而區隔出不同市場。有的漂白衣物彩色更鮮豔、有的則添加香味，根據每個人對於洗衣粉要求之不同利益，加以區隔。

(2)使用者情況

可依購買者的使用情況，分爲從未使用過、以前使用過、有使用潛力、固定使用者等。

(3)使用率

可依照產品使用率加以區隔，分爲很少使用、中度使用及經常使用三個族群。而經常使用的人數可能占有大部分，是公司營運來源。但公司希望的則是能吸引未使用者來消費，其他的使用者則加重他們的使用率。7-Eleven及全家便利商店則常用這種方法來增加使用率，他們鼓勵一次購買一定金額，再贈送點數，可以兌換相關商品或玩偶，因爲其玩偶造型相當吸引人，所以許多年輕人便會增加購買產品的頻率。

(4)忠誠狀態

市場亦可依消費者的忠誠狀態來區隔，根據品牌忠誠度狀態來區分完全忠誠、適度忠誠及無品牌忠誠度。每個產品的品牌經理皆希望他們有群死忠的消費者，並藉著這群消費者可以研究出純屬公司品牌之屬性。但目前要購買者對公司有其忠誠度，則是相當不易的事。大概僅有在香菸、牙刷、衛生棉、啤酒、酒類等相當個人化產品上，才有相當忠誠度。在e世代中，忠誠度只針對所謂名牌產品，而非單一產品。例如：他們因迷戀品牌，只要是Nike或Converse的產品都可以，但不能是沒有品牌知名度，要他們只對一個品牌忠誠是相當困難的，因爲他們實在無法只忠於一件事。

第二節　目標市場

在評估一系列不同的區隔中，企業將希望從一個或幾個區隔組合進入區隔市場，目標市場也包含三個市場，即：無差異行銷、差異行銷、利基行銷。

1. 無差異行銷

以一套產品行銷給全市場的人，把行銷的重點放在共通點上，而不是以特別的重點爲主，試著以大量的廣告通路來吸引大眾。這是有些公司在初試啼聲時所使用的方式，因爲只要注意一方面的問題即可解決。這也是許多公司在財力較薄弱或無市場經驗時，經常使用的方式，例如：早期的牙膏、食鹽、味素等產品。

2. 差異行銷

針對不同的區隔市場，設計不同的產品及行銷策略。例如：針對喜愛不同口味的茶葉飲用市場所設計的差異市場，開喜公司便有烏龍茶、菊普茶，其中又分爲有糖及無糖。而金車在販賣罐裝咖啡市場上只有伯朗咖啡，後來又把市場區隔成藍山、拿鐵、卡布奇諾等各種咖啡，以適合不同需求的消費者。

3. 利基行銷（焦點行銷）

一個企業有限時，則可專注在一個較小的市場上，亦即專心耕耘次級市場。也因此次級市場的市場量不夠大，而不會引起其他龐大企業的注目。在國內享有盛名的牛頭牌沙茶醬，則是在集中市場獨占鰲頭，也許其他醬油市場有許多大廠牌涉足，但是在沙茶醬市場中，牛頭牌才是數一數二的品牌，相信牛頭牌也因此獲得不少利潤。

但是利基市場的市場量變大時，也會有其他大品牌加入戰場，當沙茶醬市場擴大時，金蘭公司也會加入市場，陸續也會有其他公司如海霸王等，加入這個市場。

然而選擇目標市場，究竟以什麼爲重？最大的考量重點即是：公司有多少的資源？有多少資源可以分配？還有以下各點可供參考：

1. 公司的資源有限→利基行銷。
2. 產品同質性高→無差異行銷。
3. 剛推出新產品時→無差異行銷或利基行銷。
4. 產品生命週期成熟的產品→差異行銷。
5. 若競爭者已採用差異行銷→差異行銷或利基行銷。
6. 若競爭者仍採用無差異行銷→差異行銷或利基行銷。

第三節　市場定位

公司選定區隔市場後，接著便要決定在消費者心目中所占的「定位」爲何？定位是根據一些對此產品有重要屬性的消費者，所定義的「產品在消費者心目中相對於競爭者的地位」。

因爲市場上的產品過多，消費者無法很清楚的確知每一個產品在他們心目中的位置，所以他們便會在心中把產品劃分成幾個等級、類型，把產品、服務加以定位。爲了要規劃產品在消費者心中的位置，行銷人員便需將產品加以設計成規劃中的定位。

定位是要以消費者的想法來做，才可以出奇制勝。倘若依照傳統的方法，鐵定只能在產品上打轉，卻又想不出特殊的方案。而且不管公司的產品行銷人員是否更換，成功的產品定位必須具有連續性，也就是年復一年的保持下去。否則，哪怕在執行一次成功的活動或出擊之後，消費者因無法把產品及公司做一連結，很快的，他們也會遺忘。「定位」是不斷地利用廣告、公關、活動與事件，把公司想要在消費者心中占據的位置，做掌握時機、順勢而爲的努力。

定位策略可分成三個步驟：

1. 找出產品一系列的優勢。
2. 選出合適及企業競爭優勢。
3. 有效的與消費者溝通及傳達所選擇的定位。

VOLVO的「安全」定位即是相當成功的。

一、找出產品一系列的優勢

如果想要爲產品訂定良好的定位，則需先知道爲何消費者要購買我們的產品，而且也要加以研究競爭者所提供的產品價值爲何？我們是否能提供兩種競爭優勢。

1. **比競爭者低的價格**

   因爲無法提供更好的服務及產品，只能比價格，所以要比競爭者的價格低。

2. **比競爭者更好的服務或是品質**

   這些優勢不能只是空談，而需提出實踐的利益，才能吸引購買者使用我們的產品，也就是把我們的產品與其他產品做出差異化。

如何找出差異化？可以把整個產品的生產過程一一檢視，且與其他產品加以比較，例如：芝柏錶的公司，相當重視產品的R&D，而且強調每一種錶款的研發時間超過八年，手錶的每一個部分都是手工打造的，這也是芝柏錶的重要賣點之一。而萬寶龍的筆，則強調每一枝筆都是經過試寫員試寫七國的文字，且通過機器試驗的流暢度，才可以上市到消費者手中。以上產品都顯示其特殊、典雅的差異化。

二、選出合適產品的競爭優勢

如果某家公司幸運發現有許多潛在的優勢，到底要促銷多少重點？記住，每一個產品、每一個廠牌，只要發展單一的競爭優勢即可。而且要不斷的與消費者溝通，才能讓此定位廣為人知，且讓消費者銘記於心。在租車界，眾所皆知的是，赫茲租車是龍頭老大，而第二名的艾維斯租車公司（Avis）承認自己是老二的事實，而不向老大做正面攻擊，他們在定位時，用完全屬於自己的廣告詞：「艾維斯在租車界充其量不過是老二的位置，那為什麼向我們租車呢？因為我們比其他人努力。」在此之前艾維斯連續賠錢賠了十幾年，可是當他們接受自己的定位時，他們在消費者心中便有了自己的地位，而漸漸轉虧為盈了。

三、有效的與消費者溝通及傳達所選擇的唯一定位

全錄在影印機業界的地位是無人可比，這對影印機的銷售人員來說，是相當大的優勢，因為當你的企業中少了一部影印機，第一個浮現在腦海裡的產品一定是全錄，所以全錄的定位便是影印機。可是全錄看到辦公室自動化、電腦化之後，也想加入自動化的行列，全錄買下「科學資料系統公司」，而且把全錄改為「全錄資料系統」，因為其企業的負責人認為，當人們買了全錄的影印機，便會一起購買全

套的電腦設備，但是六年之後，全錄資料系統卻關門了，不過全錄卻不死心。可是若請問前五百大的企業，哪一家是資訊系統製造商，我想沒有人會回答「全錄」，因為深烙在消費者心中的是「全錄 = 影印機」，這是難以改變，卻也是全錄的最大資產，如同「可口可樂 = 可樂」、「麥當勞 = 漢堡」是一樣的道理。這也就是「IBM＝電腦」，所以當IBM的子公司想生產印表機，也不會再用IBM，而是改用Lexmark了；因消費者心中的定位是有限且難以突破的。

也因為許多企業正虎視眈眈的想占奪消費者心中的定位圖像，所以企業在定位時，也不能是靜而不動的，而是要時時保持警戒狀態，以便對當今的問題和市場情況有所了解，否則很快便會被其他品牌所取代，例如：SONY的筆電、566洗髮精、《民生報》等。

但很不幸的是，許多公司都沒有仔細規劃一個長期的區隔計畫，而日本企業對定位一直是箇中高手，首先設法在一個市場立足後，再搶攻其他市場。所以當日本的公司進入美國市場後，美國廠商便會寢食難安，因為他們深知日本企業不會停留在原地，而會不斷的攻占其他市場。

價格策略

行銷企劃案之步驟

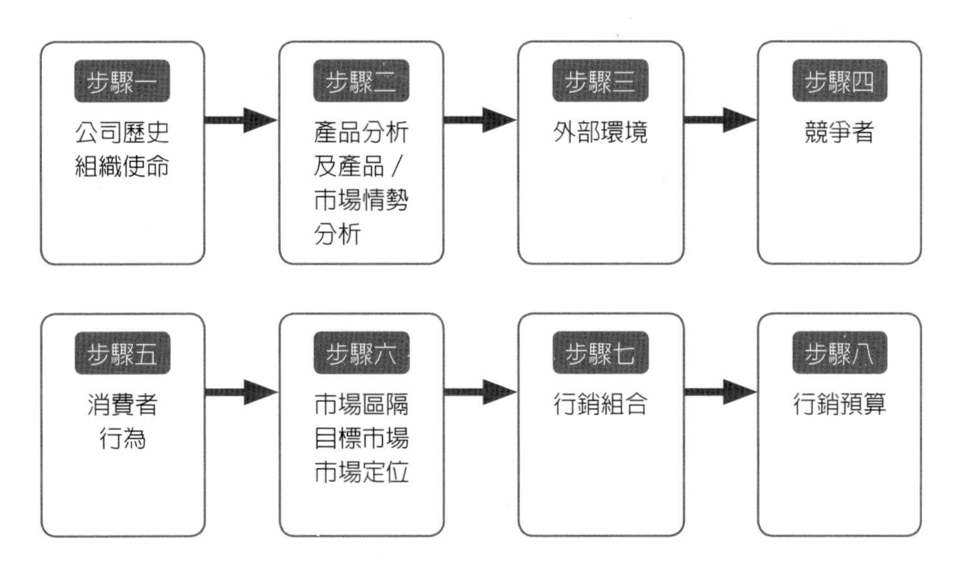

行銷組合是企劃案之重頭戲，不可只是一味仿效其他競爭者，找出屬於自我的形象及風格，才會有好的企劃組合。

價格概念

第一節　設定價格

不管是何種企業或組織，都需要爲其產品與服務設定價格。價格如何設定？依據過去經驗，價格是雙方一起決定，雖然賣方通常希望賣較高的價錢，但是買方則希望以較低的價格購得。經由討價還價，最後達成一個協議。

價格是行銷組合中唯一的收入，而且在行銷組合中，這是最具有彈性、最容易改變的，但價格也是行銷經理最頭痛的問題，何時要修正、改變價格？

第二節　訂定價格因素[1]

一、求生存

當公司想繼續在業界存活，一定要選擇訂價目標，因爲是爲了公司的生存問題。許多公司以增加當期利潤最多的方式來訂價，所以他們會先估計各種需求與成本。

二、本期收益最大

許多管理者相信銷貨收入極大化，可以產生長期最大的利潤及市場占有。

---

[1] ***Kotler/Ang/Leong/Tan***著，謝文雀編譯，《行銷管理》（***2000***），***pp. 147～418***，華泰文化。

三、銷售成長最大

有些公司希望把生產標準化，且擴大經濟規模，讓成本降低，因而價格也可降低。目前有一家日本雜貨產品的大工廠，把各種產品價格都訂在50日圓，因爲所有產品都相當便宜，銷售量相當大，贏得高占有率，使固定成本下降，又因成本下降，價格可以更便宜。

四、產品品質領導

有的公司希望成爲產品品質的領導者，因品質的提升，亦可提高產品價格，例如：iPhone便是使用高品質及高價格的訂價策略，且以品質領導者來領先其他手機品牌。

五、其他訂價目標

有的公司不是仰賴產品的訂價，而是倚賴其他收入，如：捐贈或募款。例如：花蓮門諾醫院並不因其醫療收入而產生，其最主要的收入來自募款及捐贈。

在經濟學上的基本觀念，是由供給和需求來決定價格。所以，行銷人員必須了解產品價格和需求間的關係。

幾年前，馬自達車廠出產一部相當俏皮可愛的小跑車Miata，一出廠便受到年輕人的喜愛，本來是售價不到2萬美元的車，卻因所有新車被搶購一空後，連經銷商的樣本車售價都可高達4萬5千美元，這便是需求決定價格的例子之一。這例子不代表供需的方法不合實際，而是在市場上應用方式不同，但供需理論卻是必定要有的觀念。

每個消費者都會用自己的方法來評估及衡量產品的價格是否符合自己心中的價値，也就是訂價上是否合理？而這種很特別的感受，卻影響他們的購買決策。所以有許多產品價格的決策，是如同其他行銷決策一般，要有消費者導向的概念。

當然要衡量消費者心中的價格是相當困難，例如：當消費者知道這項產品是名牌或非名牌時，心中便會產生不同的價位，而產品的販售地點也會影響價格，這些價位往往因不同消費者與不同情境而有所差異。例如：香奈兒的浴巾一條8,000元，一般人會認爲非常昂貴，但是因爲限量發售，所以有上流社會的名媛便認爲非常有價值。當有不認識「畢卡索」的人認爲一幅畫或任何一幅畢卡索所創作的作品可以價值一幢房屋，簡直是無稽之談，而這也許已是打過折的價格，且在收藏家眼中可是價值二、三幢別墅，但在不識貨的消費者眼中，這些東西卻成了廢物，所以價值與價格實在是因人而異。對於非洲人而言，也許他們會認爲，一顆二十克拉鑽石或BMW跑車比不上一袋食物的價值。

第三節　影響訂價之內外部環境

一、需求的價格彈性

因爲日常生活中之需求不同，而產生二種常見的需求曲線，如圖8.1。

不管目前景氣如何，我們對於家庭日用品的需求變化不大，就算失業或是收入遽減，家庭仍需要使用衛生紙、洗髮精、洗衣粉、食米等。這些產品不會因價格降低而改變食用或使用量，所以是無彈性需求。

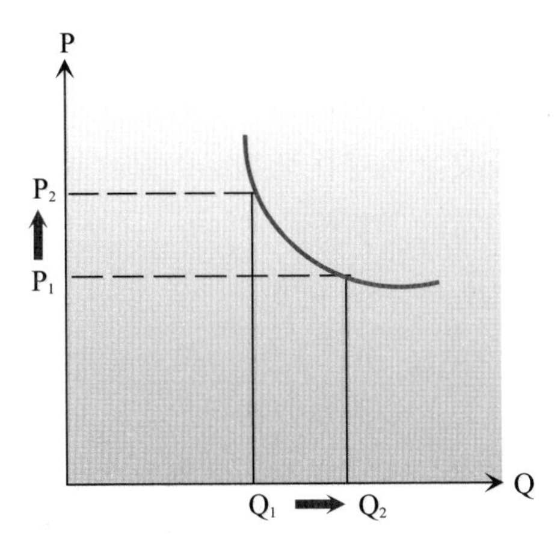

圖 8.1 日用品——無彈性需求

行銷人員需要知道價格改變時，需求曲線會有何種變化？如果只要降價，便會有許多人搶購；而提高價格則會減少數量的產品，這種產品則是彈性需求的產品，這類產品常常不是生活必需品。

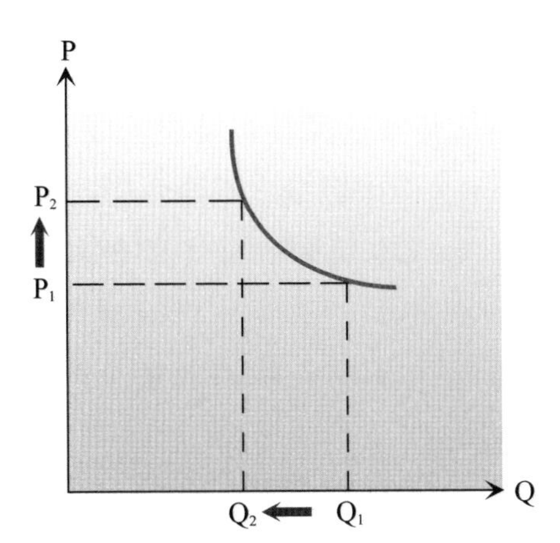

圖 8.2 非生活必需品——彈性需求

例如：當手機價格過高時，通常不會銷售得太好；當手機降價時（如iPhone降價2、3千元時），銷售量便大增。需求相對有彈性，銷售者降價較爲有利。

然而是什麼因素決定需求和價格彈性呢？在下列的情況中，需求彈性會變小：1.競爭者少或無替代性；2.購買者並未注意到較高的價格；3.購買者購買習慣改變及尋找低價品的動作緩慢；4.購買者認爲高價是因品質改變或正常的通貨膨脹。

二、成本之計算法

我們認爲顧客所付的金錢便是價格可設定之上限，而成本就一定是價格中的底線。公司總訂定的成本，則需包括生產、通路、促銷所有成本，其中也涵蓋財務的風險及人員努力的合理報酬。

1. 成本的型態

公司的成本分成固定與變動兩種型式，固定成本是不因產量變動而有所變化的成本，也就是不論公司生產一件產品或數十萬件產品，其固定成本都不會有所變化，如公司廠房的房租、機器設備費用、所有費用、人事成本等，這些都不會因產量而改變。變動成本是隨著生產數量不同而改變，例如：衣服上的鈕扣、裝飾拉鍊及包裝袋等成本，這些成本在每單位是相同且固定，但因數量之不同而加以變化。

總成本就是固定成本與變動成本的總和，公司的訂價希望收回水準內的總成本。當產品售價乘以總銷售數量，即是總收入。盈虧兩平衡點的產銷數量，則稱之爲損益兩平點（breakeven point）。

總收入 − 總成本 = 利潤或虧損

損益兩平衡點 = 固定成本 / 實收價格 − 單位變動成本

以販售精品娃娃爲例，其單位的變動成本是每個產品的成本售價的20%，而固定成本則是廣告費、公關費、人員費用共800萬元，而以6折批發給精品批發商，其精品的售價爲5,500

元，則損益兩平點計算如下：

8,000,000/(5,500×60% － 5,500×20%) = 3,637個

也就是此精品娃娃要販賣至少3,637個以上，方有利潤可言，在此經濟不景氣的狀況下，能販售3,000個以上的數量談何容易，所以在精品界除了品牌外，尚需有許多的公關活動、促銷方法，才可使這些產品銷售出去。

2. 成本的經驗曲線

如果要做好訂價管理，行銷主管人員就需知道不同產量下的成本變化。假設皮包製造商每天可以生產1,000個皮包，隨著經驗的累積，工廠的老闆知道如何改善工作流程、降低採購成本，而每個工人也因工作熟練度增加而增產。平均成本因生產累積而降低，而此因經驗學習而降低成本的曲線，則稱爲經驗曲線（experience curve）。

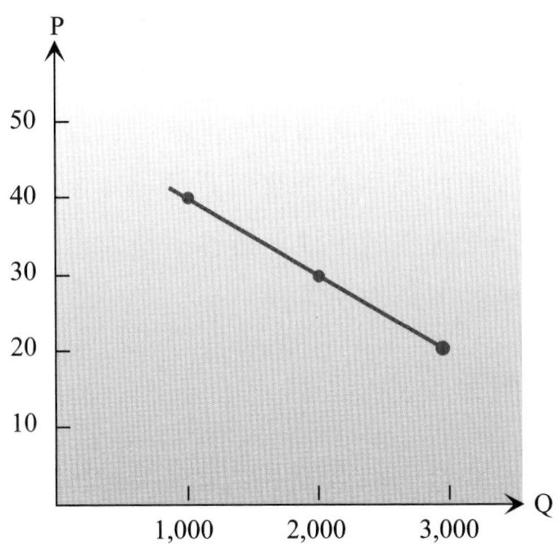

圖 8.3 經驗曲線成本

3. 理想的成本

當日本人在開發新產品時，他們便設定理想的成本，而其理

想成本則包含設定的市場需求及產品中各種成本之總和，並參考其他競爭者的訂價。要讓供應商能把成本降到最低，減少存貨，又能夠即時供貨，目標希望最後的成本能在理想範圍內，否則絕不罷休。這種不斷的改良方法，使得日本的產品不僅在設計、製程上不同於其他國家的產品，也讓他們的產品在價格上更具競爭力，在市場上更受歡迎。

第四節　常用訂價法

一、成本加成法

最基本、也最簡單的方法，即是在成本上加上一個標準加成，這個方法慣用在日用品上。在目前市場上，一般文具是加上20～25%的利潤為售價，而食品市場則是加上15～20%的利潤。這種訂價並不是相當合理，因為這是枉顧市場需求及知覺價值的方法，但為何如此普遍的被使用？其原因有二：1.銷售者對成本比需求來得確定，因為販售商品過多，須每項產品都知道市場供需，實為不易。所以許多僅知道成本的產品，即用此簡易方式來訂定價格；2.在業界，大家皆採用此方法，這種訂價法較具競爭性，雖然不是太合理，但卻是一般市場中產品訂定零售價的慣用方法。

二、損益兩平訂價法

不考慮消費者心目中的價格，而是設定銷售多少數量才可以達成目標，這種訂價法又稱為目標利潤訂價法。在此方法下，企業是根據某一個目標利潤來訂定價格。

價格 = 總變動成本 + 固定成本 + 利潤目標 / 預計生產之數量

因為在實際上銷售量難以確定，及成本數據皆不如字面上容易掌握，所以可以直接使用者並不多，但訂價時仍需涵蓋這個概念，所以有些企業會考慮各種不同價格下預測損益平衡點的數量及利潤，並加以研究生產多少數量最符合企業的需求。

三、競爭導向訂價，又稱為現行水準訂價法

也就是根據市面上競爭廠商之價格來訂價，而較忽略公司的成本或市場的實際需求量。這是因為在此產業中競爭相當激烈，或是產品差異化太小。

在飲料界裡，每位消費者心目中已有一個標準的參考價格，如果是利樂包：250cc是10元、375cc是15元（或是大回饋顧客500cc也是15元）。如果是寶特瓶裝，不論是礦泉水、茶飲料即可以25元起價。當然，也可以是例外的情況，如早期的沛綠雅礦泉水，可以賣至80元，但一般而言，在行情訂價上，即有一個普遍之參考價。

但若是品質較高的電器廠牌、精品界或是電腦產品，都會有所謂的領導品牌訂價，也就是因為其廠商具有高知名度及良好的研發能力，所以其產品訂價往往是業界之龍頭，沒有其他廠牌可以高過此價格。例如：在筆電界常以IBM的價格為馬首是瞻，而在手機界則以Apple為首。這種領導價格，也只有在標竿品牌中方可使用。

假如顧客不在乎其他周邊的利益及服務，而且廠商所提供的產品都大同小異的話，那麼市場上將成為價格導向，也就是以低價來相互競爭。如同洗髮所考慮的不只是洗髮，其中包括：按摩、洗髮清潔與否、吹整者及美髮師的技術。

顯然商場並不是如此簡單，在今日的競爭市場中，企業都致力於產品或服務的差異化。而且現今企業不只是考慮訂價而已，而是要比競爭者傳遞更多的價值及附加服務。

然而如何在競爭者中以價格獲勝呢？有以下方式可供參考：

1. 以較低的價格致勝

也就是以低價的方式，不管是因經驗曲線之成功，或是經濟規模擴大，就是以低成本、低價格來獲取勝利（Philip Kotler, 2000）。美國的德州儀器（Texas Instrument, TI）就是用這種方法，使它生產的晶片與其他配件能以低於競爭者的價格出售，這種方法十分有效，雖然並非完全沒有風險。

2. 經由積極性訂價取勝

低成本不只是以上的方法，也包括地價不高的地點、優異的成本控制，或與供應商及經銷商有較強的議價能力。全世界最大的零售商——沃爾瑪商場（Walmart），成功的贏過它的競爭對手凱馬特（Kmart）、塔吉（Target），原因如下：(1)犀利的與供應商議價之能力；(2)店面設於地價較低的地段；(3)強而有力的庫存及運送系統；(4)因有許多的城鎮歡迎該廠商進駐，所以提供許多補貼。最後，當然還有令人滿意的品質及每日價格都如此低廉。

所以，許多人在採購時，一定會前往沃爾瑪商場瞧瞧，也因爲威名商場提供寬敞的逛街空間、知名的品牌商品，及和藹可親的服務人員。另一項是筆者親身自體會的貼心服務，在出貨後，只要不滿意，皆可退貨而不需告知不合意之原因，甚至不用發票亦可退貨。

3. 對於放棄某些服務的顧客提供低價

當顧客願意放棄某種服務時，公司便給予特別的優惠價。例如：免運送、免安裝或免費訓練均會較便宜；在租金昂貴的商業地段，不在店內食用、飲用的顧客，可以獲得優惠價；或者購買披薩時，如果選擇外送及自取，也會有不同的價格或優惠條件；買家具時，亦有相同的策略，因在價格中已包含運送或組裝費，若放棄運送或組裝，便可獲得更多降價。

4. 協助客戶降低其他成本

企業協助顧客獲得較低成本的方式，還有其他兩種：(1)證明雖然帳面價格較高，但顧客總成本卻較低，這是許多事務機器公司所採取的方法，因為用紙、用電、修理費用低，及設備壽命較長等原因，會比其他公司的產品划算。或者有些收費較高的公司，會向顧客提出「共同面對困難，共同分攤風險」的承諾。某顧問公司確信可為它的客戶省下100萬元，因此向客戶提出「假如沒有效果，便不收顧問費」的承諾；(2)主動協助顧客降低成本，IBM的機器比其他公司昂貴，如何使這些價差消失？IBM常會給予顧客免費教育訓練或其他流程的節省成本方法，讓IBM成為該企業的好夥伴。而聯合利華的工業洗滌清潔用品雖然單價較高，卻給予顧客即時供貨的承諾，讓他們的客戶不需有更多的儲藏空間。也有公司藉由寄賣方式，節省庫存成本。例如：世家錶因價位相當高昂，所以代理商便採用寄售方法。如此一來，可以減少經銷商的現金流量壓力。

四、競標訂價法

這種標價法是目前在網路及二手產品中，相當普遍的使用方法，而「蔬果」及「花卉」市場中，也常用這種方法。這個訂價是由低價開始，若有需要此產品者，則往上加標，直到沒有人與你競標，此產品便由最後喊價的人員或廠商得標。「蘇富比」或其他藝術品、古董拍賣中心，也是用此方法來訂定每個價格非凡的藝術品或精品，在那種情況下，這些產品實在無法用價格來比較了。

五、價值導向訂價法

越來越多的公司利用價值導向訂價法來訂定價格。價值導向訂價法是根據購買者的認知價值，而非成本來訂價，也就是行銷人員無法很準確地設計其行銷方案及產品，進而設定價格。而是在設計產品之際，連同把所有方案一起考慮進去。

過去的成本訂價法是先知道產品，然後計算其成本，再訂定價格，消費者則感覺其產品的價值，再來判斷是否購買。但如今價值導向卻是以當顧客看到廣告，便會產生亢奮，因爲他們發現這個愛馬仕的皮包很棒，他們會一心一意地想購買它，因爲它非常有價值感，而且是限量發行的，雖然一個要價高達數千美元，但是這個皮包在質料與設計上是無可取代的，所以成本昂貴，而且每一個皮包都要放入淬鍊機中考驗，連續三週，每分鐘開關五次，而且經過不斷的拉、捧、扯、壓，都是爲了讓顧客知道該品牌就是價值的代名詞。

如果一個商品是新穎、獨特的，就會讓人想擁有它，不管付多少錢，這就是價值導向的最高指標。如果企業能達到這個目的，隨之而來的，一定是高額利潤。不過，這些品牌必須有其形象，其生產線是高度紀律化與充滿活力的，每一個步驟都是經過最現代化以及最完整的工程技術規劃。這些就是符合消費者認知價值產品的內容。

腦筋動得快的行銷人員，也會利用產品與其他利益誘因組合，並且重新訂價，而且也許會推出不同的包裝組合，讓消費者做選擇。

現今聰明的企業不會只提供一種產品服務，而是提供一系列不同價格的產品服務，而此種方法常用於Hotel的系列中，同一家公司有四、五種飯店或客棧。此「品牌傘」可以遮住所有旅客，只要你想投宿，各種不同價格的旅館任君挑選，使得旅客始終投宿在此旅館企業中。或者不同的價位，坐在音樂廳的不同座位上，也是相同的方式。如果學生沒有足夠金錢購買某些表演當天的票，便能以學生證購買正式彩排的入場券，讓學生的欲望亦能得到滿足，這便是現今最合潮流需求的價值導向訂價法。

第五節　新產品訂價策略

一、吸脂訂價（skimming price）

在產品生命週期的早期，因爲其產品相當新穎，或者因品質較爲優質，而訂定高價來吸取市場的資金，稱爲吸脂訂價。爲何有人願意以較高的價格來消費其產品，這是因爲對此產品有很大的需求，便願意支付較高的價格。有時則是因產量少，無法達到經濟規模之際，其單位成本自然高出許多。

二、市場滲透價（penetration price）

當產品推出時已是市場的成熟期，或者競爭者滿布之際，廠商便推出低價的競策及掠奪市場，以低廉的價格迅速進入市場，獲得較大的市場占有率。也因有經濟的數量，所以可以降低成本。例如：許多便當店或者小吃店都會在開幕期間，用最低價格來吸引消費者前來試吃。

第六節　價格調整策略

一、價格折扣與折讓

大部分的廠商會因顧客的付款條件、交貨地點或淡季購買，而給予回饋行動或折扣。

1. 現金折扣

現金折扣是因顧客迅速付款，廠商常會給予優惠，在會計上即有這種例子：「5/15,2/30,net/60」，此意思是十五天內付完帳款，則有5%的折扣，在30天內付款有2%的折扣，全部金額需在60天內付完。這個方法是減少呆帳及鼓勵付現。

2. 數量折扣

這是一般常用的折扣方式，如果購買的數量夠多，便可獲得折扣。這是爲了要銷售更多的產品所使用的方法，而且可以省略一些促銷費用及保持消費者的忠誠度，更可以讓經濟規模擴大。對於許多需要訂製的產品，往往訂購數量才是重點。

3. 季節折扣

在淡季中給予顧客一些特惠，是許多廠商常做的促銷活動，例如：牛乳業在冬季因爲銷量較差，所以常在冬季做特價，或者冷氣機常在冬天做季節性的折扣。

4. 其他折扣

有些企業會給予經銷商一些不同的折扣或折讓，例如：經銷商因爲將商品做良好的陳列，而獲得廠商的優惠或獎金等。現在也有許多即期品銷售會有折扣，筆者前往日本旅遊時，常在晚上八點或百貨公司打烊前去購買壽司、生鮮產品，因爲常會有大折扣。

二、心理訂價

1. 珍貴訂價（prestige price）

有的產品故意把價格訂得相當昂貴，才能成爲購買者的炫耀財貨，一旦要把價格降低，一定會受到原消費者之抗議。當賓士與Swatch合作出產Smart之際，賓士絕不敢把價格較低的小車與自己顯貴的品牌合而為一，而是另取一個品牌名；而鐘錶界在平日只將折扣打到7折，因為訂價若是人低，便無法顯現出名錶之珍貴。

2. 畸零訂價（odd price）

這是在台灣零售價常用的訂價法，也就是在交易中去除整數的價錢，採用畸零的訂價法，如199、299元這種方法，常會使客戶在心理上有價差感，雖然199、299元與整數只差1元，但感覺上與200、300元有相當不同的心理差距。而最近在中國大陸的送禮市場上，也使用相同的方式，卻是不太相同的零頭訂價。例如：買一個蛋糕為206、306元，原則上可以告訴其他人，自己饋贈二百多及三百多的禮品，感覺上是贈送不便宜的禮物。這也是心理訂價的方法之一，聽說在中國大陸，這種方法相當受人歡迎。

3. 心理參考價

每一個人在購買產品時，心中常有一個參考價格，例如：在台北東區一頓快餐店午餐最高的心理參考價是350元。當某洋食館把價位訂在350元以下時，店內便會座無虛席，甚至需訂位才可以前往享用。這便是善用心理參考價之訂價手法。

4. 每日超低特價

把商品訂在大家料想不到的低價，以打破「低價即是低劣品」的心理。美國沃爾瑪便是這方面的高手，在開新店時，常給予連續一、二個星期的每日超低特價，這是一種吸引人潮的好方法。而現在更有許多廠商使用此方法。在美國L.A.有一家每件99美元的日用品商店，在初開店之際，便把6台微波爐及許多電器商品皆以99美元賣出，前一天便有人前往排隊等待開門。過年時百貨公司開張，也用500元、1,000元福袋吸引顧客每天來公司等候開門，造成人潮及新聞。目前有許多店家及餐廳開張皆以此方式吸引大量新顧客及媒體之注意，而且可以有免費的新聞報導。

三、地理訂價

因爲交貨地點不同而產生不同價格，這是需要考慮運送之家電、家具常用的訂價方法，或者是國際貿易之訂價方式。

1. 出廠交貨價（FOB）

   或稱爲自助價，這是地理訂價中最低廉的價格，因爲所有運送需由消費者自行負責。購買者則需有自己的交通工具，且商店距離自己的目的地不可以太遠，否則難以自行運貨。目前許多廠商在中國內地訂貨，更需要談清楚。

2. 統一交貨訂價法

   這是消費者最喜歡的方式，因爲不管距離遠近，都由賣方負責運送，所有運費皆由廠商負責，或者由賣方統一收取相同的運費，不管運送至何處。統一交貨訂價較易管理，而且可以吸引更多的消費者，但是所缺之運費，則需賣方補足，對於企業亦是一筆費用。

3. 分區價格訂價法

   公司劃定幾個地區，同一個地區的運費相同，地區越遙遠，收費越高，但是在同一地區仍有遠近之分，例如：新竹、彰化、花東、高雄以北四個區，苗栗的客戶可能抱怨他們所付價格與彰化相同，卻比毗鄰的新竹貴出許多。台灣區域不大，若把分區訂價法放在美國或歐洲，可能投訴的消費者會更多。在歐美及中國大陸，皆會分區訂價。

討論問題

1. 許多洗髮精的配方相差不大，但價格卻差距頗大，你認爲其中原因爲何？最昂貴的品牌及最低的品牌，所採用的訂價方式爲何？
2. 請列舉五種產品，其分別使用市場吸脂法及市場滲透法的策略，原因爲何？
3. 如果有一家公司，販售男性西裝外套有三種不同系列，A：5,000元以內，B：10,000元以內，C：20,000元上下，如果想加入一系列價格在8,000～15,000元，請問哪一個系列會受影響？爲什麼？或者沒有任何影響？其原因爲何？
4. 採取低價策略的公司，是否有機會翻身，改變其價位走向？可能的原因爲何？不可能的原因又爲何？
5. 有許多化妝品公司、書商採用運送需加價，你認爲是否合理？假如你是此公司的行銷主管，你又會使用何種方式？
6. 眼鏡行的價差大（大約是訂價的2~3折），他們所採用的訂價策略爲何？
7. 飯店中提供美體精油按摩的服務，再收取美容業者的佣金，這對消費者公平嗎？你個人意見爲何？
8. 生化科技美容產品成本300元，卻賣到3,000元，利用名人代言，投放大量廣告，你認爲合理或不合理的原因爲何？

教室討論題

7-Eleven知道顧客平均購買價格爲70元，所以利用各式各樣的小贈品，可增加10億元以上收入，你個人對此種訂價方法的看法爲何？

通路概論

通路概論

第一節 通路概論

和產品、訂價的部分一樣，通路也是行銷的大重點之一。近年來，通路革命在台灣蔓延，許多不同的通路一天天的被開啟，其中電子媒體更讓通路大戰正式展開。

一、何謂配銷（distribution）

指商品從製造廠商到消費者手上的過程。而配銷通路（distribution channel）則是指代理商和其他中間商機構所組成的網絡，共同執行消費者所需的各項服務。

二、為何要使用通路、中間商

1. 使產品遍及各地
   製造商往往缺乏通路商遍布各地的經銷網絡，所以如果能透過通路商，可以減少與眾多零售商接觸頻率，可以節省許多人員開銷、管理及與過多消費人員接觸的問題，也可使自己的產品在各地都可購買到。
2. 減少財務支出
   因爲要設立許多的零售商，當然需要更多的財務來源。所以當把這些責任交給通路商，廠商可以減少設立零售點的壓力，把財務資源用在其他方面。
3. 減少管理其他行銷人員的麻煩
   需要設立零售點，也要管理更多的業務人員或零售店的人員，這些也造成一些困擾，把這些工作都交給通路商後，便可以減少管理其他行銷人員的麻煩。

4. 可以協助廠商蒐集資料

因為廠商無法有許多時間及財力來蒐集資料，但這許多資料都是相當重要且需蒐集的，所以，通路商便可以代替廠商蒐集這些資料，讓企業更清楚消費者的需求。

5. 增加促銷的機構

有時企業促銷僅能靠公司的廣告、公關活動，或者企業單方面的促銷活動。如果有通路商加入其中，便可以讓每一個通路商也配合廠商的促銷，加強其POP、商店陳列及店內活動。

6. 大量增加接觸潛在客戶之機會

廠商因有限的人力及財務，不易有機會與太多的消費者接觸，有通路商加入後，便有機會與潛在客戶接觸，透過更多的強力說服，讓消費者立刻改變心意，購買廠商的產品，或增加未來成為顧客之潛力。

7. 配合顧客需求

企業很難清楚顧客需求，中間商因有更多機會與客戶接觸，可以更配合消費者在各方面的需求。例如：配送、要多的服務，或者記載客戶所需的尺寸等。

第二節　通路階層數

通路的階層數，會影響產品運送的時間及廠商的利潤。每一個企業需要知道多少通路階層才能達到公司的目標？不是光學習其他企業或是抄襲大企業即可。

一、直接行銷通路

意即沒有任何的中間機構，由製造商直接賣商品給消費者。例如：直銷廠商安麗、永久及玫琳凱公司，皆是直銷公司。他們的特色是挨家挨戶去開發、販賣他們的商品。三商行用郵購，有的公司用電話、傳眞推銷產品，而網路上亦有不少商店，都是用直接的通路方式。另一種是廠商有自己的店販售自己的產品，如：台糖、台鹽的直營店及中油加油站，都是直接行銷通路的另一種延伸。

二、間接行銷通路

意即製造商及消費者間至少包括一個或一個以上的中間商，中間商也許是零售商，也許是代理商。間接行銷通路常爲食品、日用品，及零售的小型製造商所採用，也就是一般我們在市面上看到零售商林立的原因。

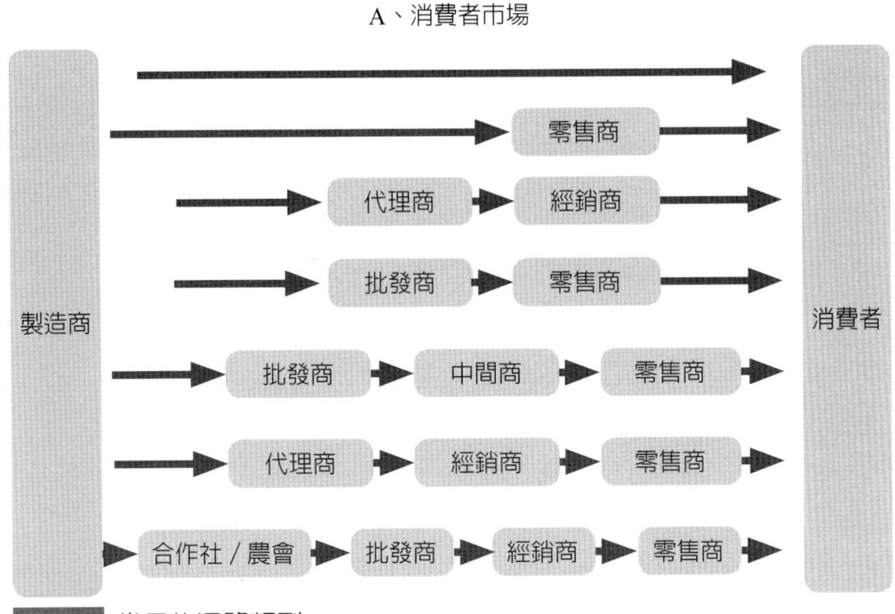

圖 9.1 常見的通路類型

B、工業市場

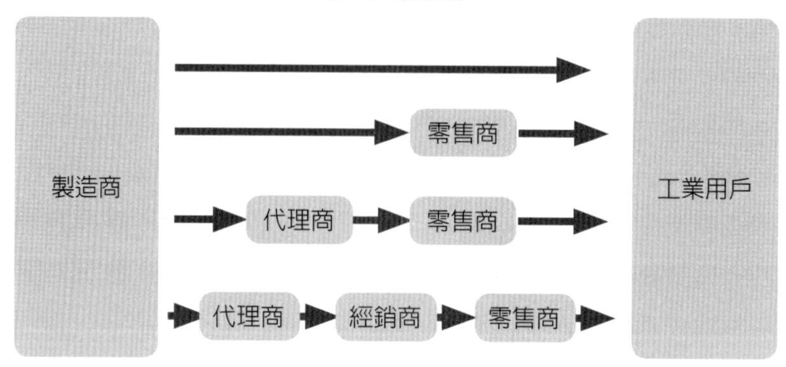

C、服務市場

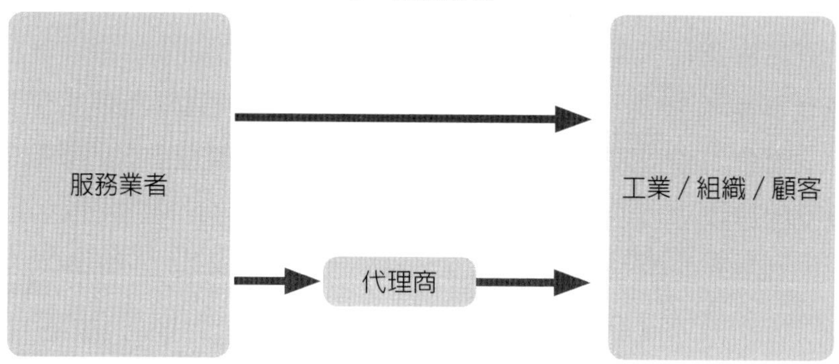

圖 9.1 常見的通路類型（續）

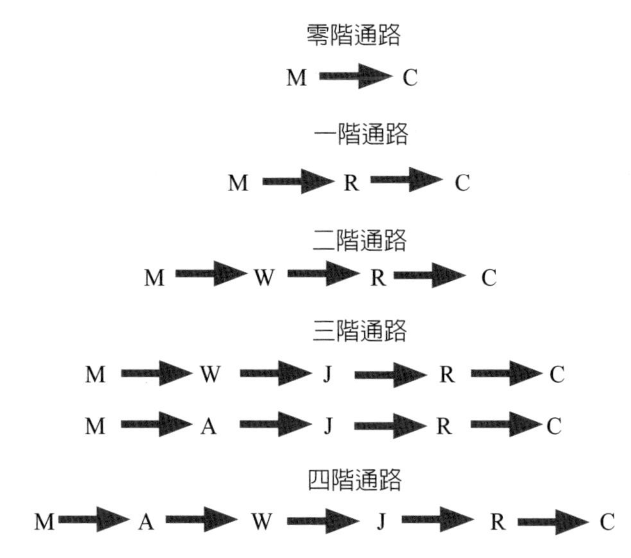

圖 9.2 通路階層

零階通路又稱直效行銷通路，是指由製造商直接銷售給最終顧客，亦是現在行銷界相當流行的直效行銷。用電話、傳眞、網路直接與消費者接觸。目前有許多汽車業者在網路上製作3D的車子模型，讓消費者可以在網路上直接訂購。有一批梨山的蔬果農也一起架設網站，讓所有消費者可以直接上網，購買他們所栽種的蔬果，這便是零階通路。

一階、二階通路就是透過一個中間商，或二個中介機構，在典型的消費市場中，這是相當常見的方式。在7-Eleven商店或其他連鎖商店，便是用一階的方式。

量販店是以一階的方法，精品或進口商品則是以二階的方式來推介他們的產品，五金行的銷售方式也是二階通路。三階通路則是三個中間機構所組成的，肉品或是進口飼料都是三階方式。大家都知道中間商越多，消費者買到的價格越高，但是生產者或製造商所獲之利潤卻是相當少，因爲大部分的利潤都被中介機構獲得。而使用四階通路的市場，大部分都是稻米、蔬果的市場。

在筆者研究食米行銷通路論文之際，眞是爲農民深感痛心，因他們辛勞努力的結果，卻僅獲溫飽，每公斤的米只賣十幾元，但到了消費者手上卻是每台斤二、三十元，價格已是二倍，利潤都被中間商給剝削了。

圖9.1B中則是工業市場的通路，因爲工業產品都是用來製造其他產品，或是用來賺取利潤，所以通路都希望盡可能減少，而企業／工業用戶都希望減少中間商的剝削，自己去尋找製造商，以獲得更多利潤或減少費用。

圖9.1C是現今相當熱門的服務市場，不管是電腦硬體的支援，或是CRM公司，都是直接面對組織商／企業，也有代理國外教育訓育的機構，便會產生一階的通路，此中介機構可能在語言翻譯、技巧協助上，給予海外的其他企業、組織額外或附加的服務。

三、選擇通路之條件

1. 時間的效率
   (1)是否快速收到貨品？
   (2)快速代表服務佳，但迅速卻不加價，才是上等的廠商。
   (3)等候線排隊是否太長？櫃檯服務人員是否太少？是否讓顧客抱怨連連？
2. 產品的特性
   (1)易腐敗的食物，通路需短。
   (2)易碎的產品，需要靠近市場，以免產品被破壞。
   (3)生鮮食品在產地價格較便宜；工廠製造產品都會區價格低。
   (4)需更多處理的貨品，要靠近出產地。大宗且笨重的產品，如建材、大件機器零件，需要減少運送距離。

3. 消費者一般購買特性

有的消費者喜歡創新的產品，但是有些顧客則喜歡保守、傳統的貨品，所以通路商需兼顧消費者的一般購買特性，且針對他們的習性，與他們保持良好互助關係，才能使消費者繼續購買公司產品。如微風廣場便把客戶鞋子、衣服的尺寸都記錄下來，讓消費者下次可以免修改，便拿到合乎自己身材的衣飾。這便是消費者所需的貼心服務及品質。

第三節　通路管理決策

一、招募方式

1. 與現有業者接洽

目前原有的業者，便是最佳的合作夥伴，先觀察其業務、財務狀況，然後請業務人員先行與其洽談，因爲現有的業者了解目前產業情況及生態，若能招攬其商家成爲旗下一員，將如虎添翼。而且可以相當迅速擴大業績，這實在是最佳招募的管道之一。

2. 刊登廣告

有的廠商因知名度不高，不易招商。或者廠商的產品相當新穎，可以藉著刊登廣告，讓許多人士有機會來洽商，成爲廠商的事業同仁。而且新廠商用此方式，可以擴大通路商的資料庫，再加以一一挑選。這個方法通常用在投入金額不高的通路商中，如泡沫紅茶、早餐車、攤販等。

3. 員工內部創業

員工若有潛力成爲廠商的通路商，這必然是最佳的選擇，因爲公司知道此人的個性、風格，甚至做事方法，彼此之間已有相當好的工作默契，若能讓員工內部創業，則是老闆睿智的表現。房屋仲介喜歡以此方式來讓員工升遷，而美國的一些著名商店也常使用此方式。

4. 參加商展或招商說明會

跨國公司常藉著全球知名的商展，來吸引其他中間商加入廠商的販售行列。如電子界的美國電腦展、澳洲電腦展；精品界四月的瑞士大展；織品界的一月、九月歐洲大展，都是吸收優良企業加入的好時機。有些國家的大企業單獨到其他國家辦理大型招商說明會，美國華盛頓、加拿大亞伯達省都有官方單位爲他們的企業及國家辦理招商大會，這也是吸引中間商的好時機。

二、通路成員之評估方法

當通路成員已基本通過廠商的要求後，可能廠商會因以下的條件加以分析：

1. 經銷商過去之績效、獲利能力

可以調查經銷商過去的績效，看他們的業績主力及獲利方向爲何，便可以知道對方是否合適成爲我們的中間商，有的中間商相當會推銷新產品，有的則會推薦有知名度的品牌。所以看過去的成績單是很重要的動作，不可輕忽。

2. 人際關係

有的中間商需要有良好的人際關係，尤其是新產品的推薦，或者是高單價的產品，因爲每一個人可能不常購買，如果通路商有好的人際關係，尤其是在客戶的人際關係上，可以帶來滾滾財源。亞芝企業在推廣DJR的新錶時，便發現有一位經銷商的一個顧客共買了16隻手錶，價值數十萬以上，這正代表此經銷商有良好人際關係的好處。

3. 財務能力

如果通路商沒有好的或者健全的財務能力，雖有其他優點，也是需要加以考慮，除非這是新開業或新創業的中間商，否則還是保守些較爲合宜；不然在下次收貨款之際，便會有來自財會部門的龐大壓力。在目前經濟不景氣中，亦可能因經銷商之經營不善，而導致公司發生財務危機。特別是最近全球經濟不景氣，更要注意通路財務。

4. 業務能力

沒有好的業務能力，卻又想要守成，在現今社會中相當困難。因爲在不景氣中，每個消費者會量入爲出，如何讓他們自掏腰包，相當不易。有好的業務能力，方可將我們的產品大力推展出新方向。

5. 對未來的展望

有的代理商會被總公司要求做出三至五年的行銷企劃案，唯有心懷大志的中間商，總廠才放心將精心企劃的產品交給對方，所以不僅是要埋首在業務上、現今的財務上，每一個總經銷商都要思考清楚每一個產品的未來方向及展望，也才能彼此配合，方能達到互相成功、雙贏的地步。而近幾年台灣的市場規模減少，許多大廠商退出台灣市場，通路也須注意。

三、激勵通路成員

當選定中間商之後，接下來則是如何讓中間商不斷地爲公司效忠，且繼續將你的廠商品牌視爲第一品牌，而努力推銷你的產品。所以如何激勵通路商，便是每個行銷高階人員必學的功課之一。

1. 獎金或額外折扣

除了本來就有的獎金或折扣之外，若超過原有的規定數額，則提供更多的現金折讓，這是簡單卻不失方便的方法，爲許多公司所採用。

2. 舉辦展覽、活動

(1)因爲舉辦展覽便會有新聞報導，且有曝光率，使中間商知名度提高，精品界常用此方法，不管是IWC、貴朵錶都使用相同方式。

(2)活動讓中間商的人氣大旺，不管是撒現金、紅包，都有廠商支出、協助，有時是幫助辦公益活動，且贊助支出費用，讓通路商可以有較高的業績量。

3. 技術或教育訓練

這是一些需要具有產品知識的公司，會提供給其經銷商的服務，若要讓產品賣得更好，讓潛在消費者可以了解產品，就可以使用此方法；或者新產品發售時，中間商對商品不夠了解，亦可使用此方法。有一些布匹廠商，在每一季準備好新的產品設計樣式，鼓勵服裝公司採用他們的蕾絲、特殊布料及新款的布匹；或者精油公司也會發展新的產品及技法、機器，所以更需要教育訓練。

4. 經銷商大會、免費參加國外廠商大展、免費出國旅遊

每年定期舉辦一至二次的經銷商大會，可以交流情感，及酬謝中間商的辛勞，也可發展新產品，或把未來的展望與經銷商一起分享，讓他們在未來的王國中有其地位。所以，這也是國內廠商喜好使用的方式。

如果廠商因通路商表現傑出，會在下個年度中，免費讓他們參加海外總公司的展覽及參觀工廠，或者招待他們前往國外旅遊，但因價格不菲，所以也會要求這些經銷商一定要達到

一定金額業績，方能參加活動。

5. 提供相關產品、刊物、廣告支援

有些廠商會提供一些贈品給經銷商，如：試用包、公司的鑰匙圈、菸灰缸、記事本、滑鼠墊、背包、瑞士刀、化妝包等，在產品上皆印有品牌或公司名，可以是促銷物，也可以替公司宣傳。有的公司會出版刊物，並提供刊物給客戶，讓購買的客戶可以更了解產品及公司。7-Eleven自從有了刊物後，也讓更多年輕人一手一本了。

有些大公司，如：可口可樂、嬌生，都會給予通路商一些廣告的支持費用，讓他們可以自由運用。但這必須是大公司才有這筆費用，否則可能就沒有。有的公司則在自己的電子網頁中，與通路商的網頁相連，讓每一個上網的民眾可以與廠商相連，且快速的與經銷商連線，這也是提供廣告的方式之一。或是在新聞稿、廣告上，把經銷商的名單放在上面，也是一種廣告宣傳。

第四節　零售

一、零售的重要性

零售業是服務我們的最終消費者，更是爲我們產品產生形式效用、地方、時間所有權效用的中介團體，所以不管是製造商、代理商、批發商都需要零售商的協助，才能將我們的產品、服務、訊息傳遞至顧客手中，更是銷售主要的力量、客源中心。抓住零售商，便能抓住業績及消費者。

二、零售商的種類

目前雖有許多的變化，但是我們仍把零售商及無店鋪行銷一起討論，因他們都是接觸最終客戶的組織。

1. 專門店

這是相當深入的產品組合線，在這些商店中，顧客可以找到他們想要的產品，或想訂做的商品。這些店永遠不會退流行，因爲只有在這些店中，他們才可以找到想要的貨品。

在花瓶專賣店可以找到各式各樣的花瓶，有的款式相當令人驚豔，有的價格令人咋舌。但只要找花瓶，到專賣店絕不會錯。

2. 百貨公司

多樣化的商品線，包含化妝品、鞋子、衣服、飾品、玩具、文具、寢具及家電產品，目前更有許多百貨公司加入戰鬥行列，不管是微風廣場，或是台中的三井OUTLET，這類有休閒娛樂加入的複合百貨公司，或者有大飯店主廚的熟食櫃，這都是百貨公司最吸引人的地方。星期假日沒有地方去，只要去百貨公司，不論看電影、吃飯，與朋友吃下午茶，晚上與父母共進高檔大餐，包君滿意。

3. 超市

(1)以自助方式，卻是價格較低的商店。

(2)有許多的蔬果、糕點、熟食、飲料及日常用品等，任君挑選。

(3)若不想購買全國較昂貴的知名品牌，亦有通路產品，以經濟實惠方式出售給消費者。

(4)不定期的試吃、送試用包、促銷活動，讓每一個顧客滿載、滿腹而歸。

(5)亦有專人的客訴處理，或寄放服務，讓所有消費者對他們的產品滿意且放心使用。

4. 便利商店

這是台灣成長最快速的商店，連三歲兒童都知道到便利商店購買飲料、牛奶及糖果、餅乾。雖然價格較貴，卻是相當便利，500公尺不到，便可在都會區找到一家便利商店，而且24小時不打烊，任何地點、任何時間都供應，這便是便利商店受歡迎的主要原因。而且台灣的便利商店是全世界最便利的，應有盡有。

5. 超商、量販店

(1)平均賣場1,000坪以上，滿足顧客一次購足之需求，不管生鮮產品、熟食、藥品、日用品、衣物、便鞋、鮮花、家具、電器用品、簡單電子產品等都有。

(2)大型停車場、配銷店、沖洗照相、提款機等周邊設施完備。

(3)超商、量販店以統一及家樂福爲代表。量販店又分爲一般量販店如好事多、大潤發等，家具或DIY量販店則是B&Q、Home Box。

6. 折扣商店、折價商店

這些商店在平時便以折價、折扣來吸引人，薄利多銷是他們堅持的原則。在台灣夜市每件10元／20元的五金店、日用品店，皆屬於這種商店。而日本因爲不景氣，也出現許多這種店。在台北天母地區，有一些外銷成衣的折扣商店，他們把標籤剪掉，所以不易知道是哪一家廠商，但是從布料、樣式、款式或設計，均可以知道這些服飾是名牌產品，消費者只要花時間便可以到折扣商店中找到好產品。

7. 過季商品店

這是台灣及日本都相當流行的店。所謂Outlet商店，即是一些名牌的過季商店，也許款式是上季的樣式，但是質料及品質仍是上乘之品。

8. 目錄展示店、電視購物頻道專賣店

當我們看到琳瑯滿目的目錄商品，總會希望看到實際商品才敢訂貨，這是一般消費者的心理，而廠商也知道消費者心中的想法，所以便有目錄展示店出籠，或者電視購物頻道專賣店產生，這些商店就是想補足目錄、電視、信用卡型錄購物時，無法親自感受產品的遺憾，而產生的中間商，特別現在還有蝦皮專賣店。

9. 單一品牌專賣、顏色專賣店、旗艦店

(1)公司想有自己的形象商店，可以在此商店中，購買到所有屬於公司品牌的產品，這可以給消費者完整的印象及專業的代表。日本有許多餅乾來自單一品牌的產品，這與專賣店專賣花或家具是不同的，因此類單一店、旗艦店雖賣各式各樣產品，卻只賣同一個品牌的產品。

(2)有些商品只賣貝蒂、紫色的產品，品牌、產品種類很多，但都是印有三麗鷗品牌的玩偶、貝蒂，或是紫色的產品，這種店販賣偏向青少年喜好的玩偶或產品。

(3)有些名牌在一些地區建立形象之用的旗艦店，如香奈兒旗艦店。

10.複合店

這雖不是新名詞，但卻是不同形象的商店組合在同一家內，我們便統稱這種零售商爲複合店，有時是服飾 + 花店、服飾 + 咖啡店、花店 + 咖啡店，或者餐廳 + 精品、書店 + 咖啡廳等，各式各樣都有，因著零售商店主人的不同想法，而組合形成的店家。所以，複合店沒有一定形式，越有花樣及想法，將可招徠更多的消費者，這也是未來商店的發展趨勢之一。

三、案例：通路流程系統創新

全家「友善時光」改善剩食——ESG大改變

以下我們以全家便利超商的友善食光具體例子爲例，說明企業如何運用How To技巧，幫助大家進一步應用在企業實務場景。全球浪費的食物，每一年約高達13億噸，其中台灣每年大約有360萬噸左右，因此台灣食物浪費的問題，其實遠比我們想像的嚴重很多。

又如全台1萬2,000間超商，每一年報廢的食物價值，據說推估金額高達70億元台幣，其中80%都是鮮食，包含在超商中常見的便當、漢堡、壽司等，因此全家將改善公司剩食視爲一大責任。

全家從流程系統出發，透過創新流程改善減少剩食，也進一步思考如何讓食物保存更久，例如：在過去幾年間，全家持續引進日本的製造包裝技術，希望在不添加抑菌劑的情況下，能夠延長鮮食的保存期限。

全家也從產品服務出發，也就是行銷預測流程的創新。全家引進先進AI技術，積極配合科技公司進行一年的實驗，試圖尋找出更好的預測模式，像是消費者會需要多少鮮食、銷售量大概多少，以及在不同店面進行分配等做準確預測，以降低食物報廢率。

最後，全家從商業模式出發，推出「友善食光」的產品概念，該概念是在商品過期之前就先打折，透過銷售推廣流程的調整，協助快速消化即將要報廢的食物，例如：保存期限到期前7小時的鮮食，則做7折促銷折扣。

爲了因應無法控管以及辨識的瓶頸，全家導入兩項新技術：

1. 食控條碼技術：每一個產品都有一個食控條碼，裡面存有保存期限資訊。
2. 時間定價：結合食控條碼的技術，管控及辨識商品來進行促銷。

全家的ESG創新策略，充分運用永續創新策略的3種思考方式，讓全家能有效減少剩食，並且從街角串聯公平共好的產銷生態圈，讓全家「友善食光」創造的成果，對買方、賣方、社會三方都有利。

對買方而言，可以用比較便宜的價格去購買，並且響應環保，學到更好的惜食觀念，反之對賣方而言，全家90%都是加盟店，若加盟店報廢鮮食的數量能大幅下降，對經營獲利一定有正面的成長，也對社會更有利。

全家「友善食光」產品概念從2019年推行以來，已經減少了1萬440公噸的食物浪費，更重要的是，也為地球減少了3,568噸的碳排放，因此全家在ESG創新策略整體累積的成效上，確實創造了三贏。

四、無店鋪零售種類

1. 直效銷售

因為店面的租金費用相當高，所以許多聰明的商人便採用此種方式。全世界皆知的雅芳公司也是使用此種方式，締造了相當高的營業額，這也是台灣許多公司仿效的原因。

直效銷售又稱為多層次行銷，是把高佣金給業務人員，且利用人員拉部屬，再從部屬的佣金獲得利潤，而其中佣金範圍相當大，這也是此方法最受批評的原因之一，但是直效銷售有相當優良的人員激勵及自信心再建，都是使其成功的因素之一。

但直效銷售若不是個人魅力及相當努力，很難到達頂端，就算到達最高的階層，若沒有下線繼續加入，可能到最後就會失敗。所以有人估計一個直銷人員的壽命，很難超過五年，尤其在半年到一年之內是一般人的平均數。當然有人因而在某段時間賺取不少利潤，但想長期獲利，實需長時間的努力及耕耘。

在不景氣時，直效銷售是相當受歡迎的，亦有原來不用直銷方式的產品，考慮使用此種方式，因這畢竟是相當聰明的零售辦法。

2. 自動販賣機

自動販賣機已廣泛的被應用，包括販售報紙、香菸、飲料、糖果、玩具，或是其他產品，如襪子、咖啡、郵票、車票。在日本，自動販賣機有更多的功用，如販賣珠寶、酒類、鮮花、音樂等商品；在義大利則有販賣機還賣披薩；在美國、法國也都有設在洗手間的自動販賣機。現今的自動販售觀念，凡應用在只與機器接觸而不與人員接觸者皆屬之，未來電腦應用範圍越廣，自動販賣機也會更加推廣。且自動販賣機提供24小時使用之好處，但要防止機器故障、款項被竊、缺貨等層出不窮的問題。

3. 團體購買

有些大團體的組織，便會有廠商提供型錄，或人員自動前往這些機構販售產品，因爲購買人數或數量較多，所以零售商便會給予折扣，成爲一種相當特別的購買方式，也是零售商眼中的一塊肥肉。現在更有許多人以成爲團購主爲業，也有許多團購組織。在花東和中南部，也有各式生鮮產品團購。

五、零售的非價格策略

1. 地點

如果零售商的地點佳，便可以有好的營業額。零售商選擇店址時，會跟著百貨公司或麥當勞，如果只有一家百貨公司，稱爲月亮地段，只要在月亮旁，一定可以有好的生意。如果有二家以上百貨公司，必能造成一個星星商圈，只要在商圈內，必有佳績。

2. 商品規劃

如果產品相當齊全，可以產生顧客一次購足的效率及方便性，地點就不是唯一決定的條件了。內湖重劃區有不少的量販店，他們便以齊全的產品做規劃；而遠在桃園的台茂購物中心，便是以採購空間及貨物充足來吸引消費者。新店目前也開始經營相同的購物商城，只要有人潮就需要充足的產品線。

3. 商店陳列

許多消費者行經中興百貨公司或三麗鷗的櫥窗外，都忍不住地佇足仔細端詳，因爲這些櫥窗設計都很生動活潑。而美國Macy's百貨更大膽採用眞人櫥窗來吸引路人進入商店購買。

4. 商店氣氛

在美國有一家內衣用品商店，讓每一個進入的消費者很少空手而歸，其原因爲商店氣氛佳。分析所謂商店氣氛，其中包括：服務人員態度佳、有安定人心或溫柔的音樂，也包括了店中的香味，叫人心曠神怡。當緊張及有壓力的時候，進入這種商店相當令人愉快。有的醫院給人感覺相當有壓力，因爲有著濃厚的藥味、冷淡的人員態度。

六、零售業的未來趨勢

1. 產品生命週期縮短

目前的產品生命週期已不如過去有一至三年的期限，目前大約三至六個月，所以零售商需要爭取時效讓產品上架。在自己的貨架上能有暢銷的產品，必能產生好的業績。而且在零售業上，都是符合消費者心中最in的產品，及最熱門的貨物，所以注意產品流行趨勢，不再只是廠商的功課，也會是零售商要睜大眼睛留意的方向。

2. 無店鋪銷售

電子行銷／電話行銷已是目前勢在必行的方向，如果公司既無網路，又無電話行銷系統，將在二十一世紀完全出局。尤其在疫情中萬業蕭條，網路銷售才是王道，也只有網路銷售成長，雖然疫情後實體店面業績有成長，但仍無法與昔日相比，年輕一代已改變購物行爲。

3. 垂直行銷之整合

因爲零售業的連鎖，及許多企業的遠大志向，許多零售邁向垂直行銷的整合。例如：統一有自己的食品廠，也有自己的零售業；永豐餘紙業有自己的紙廠，還有販售各種高級紙張的部門；而長春紙業也有公司零售的販售點。這些垂直行銷可以讓廠商的價格及通路的控制更趨完美。且在品質及庫存管理上，有更佳的合作關係，而且大者越大。

4. 重視時間效率

一次購足的觀念，目前在零售業相當流行，因爲現在的上班族工作繁忙，沒有時間像過去的顧客一樣，可以花半天的時間在市場上購買產品，且達到交誼的作用。現在他們只有用半天的時間，卻要買足一星期需要的商品，所以零售業便要有好的停車設備，或是搭乘捷運可到達。也可能消費者前往一個商圈逛許多專門店，亦可達到相同效果，重點是能一次買完所有需求的產品。是不是能提供送貨服務，目前也是重點，因此許多大賣場提供「一項也送」的服務，果然大受歡迎，另如台北年貨大街迪化街（最傳統的零售代表）也強調可以送貨的服務。時間效率果眞是現代人最在乎的。

5. 策略聯盟

此策略在近一、二年相當受歡迎，不管是百貨公司、購物中心，皆會與信用卡中心或卡通人物有互相合作的方案，而且都相當成功，令人有耳目一新的感覺。這個手法不只是百貨公司適用，也包括銀行。

這也是未來必然的銷售方式，與名人、歌星、影星、球星皆可聯名，而產品與電視劇、綜藝節目結合也是大行其道，在中國大陸更是必做之行銷。

第五節　批發

一、批發的重要性

1. 製造廠商與零售商的橋梁

製造廠商有時因財力有限，無法設立強而有力的銷售團隊來販售產品，而且零售商可以在批發商處一次購足，不需與每家廠商聯絡。批發商活躍的販售能力，讓零售商較信任及依賴批發商，所以批發商實是重要的橋梁。

2. 提供更多市場資訊

批發商可供應有關競爭者、新產品，以及市場上所有的資訊，而其資訊來自於市場資訊最活絡的批發商。而且可以零售商的眼光，協助他們訓練銷售人員，改進銷售技巧及存貨管理。

3. 倉儲、運輸

想把所有零售點一一運送完整，除非廠商擁有自己完善的運輸工具及系統，否則相當不易。若把每一區運送交給批發商，可以省去運送成本及麻煩，如此亦可把倉儲的問題一併交給批發商。這可以讓生產歸生產，銷售歸銷售，何嘗不是一種讓事情簡單化的方式。

這種代理商不具有產品的所有權，只注重應如何將產品銷售出去。

二、批發業的未來趨勢

1. 越與廠商有密切配合者，越有成長之可能。
2. 需與廠商有明確的契約，以免增加公司與批發商的困擾，但在簽約之前，需要去工廠做了解。
3. 對廠商的商品或能提供的服務，都要有充分的了解，只有對產品認知清楚，方能提供零售商完整的教育訓練及諮詢。
4. 給予廠商最新的市場競爭者資訊，與對市場的敏感度。

第六節　實體配銷

實體配銷可以把產品完美運送到消費者手中。而且有時若產品的成本很低，但因為運送成本太高，最後也會提高消費者的購買價格。有時亦因運送或儲存問題，造成缺貨之情況，也使得廠商形象受損。葉日武（1997）表示，物流成本大約占了銷售費用的五成左右，但是這沒有一定的討論模式可以探討。

一、運輸

1. 鐵路運輸（railroad transportation）

運用火車來運送，只要火車可以到達的地方，即可運送。大宗物資及笨重產品，都適用此種方式運輸。

2. 公路運輸（highway transportation）

運用公路上的各種運輸工具，因爲在哪裡皆有公路可以到達，所以是最常用的運送方法。日用品最常用這種方式，而且可以做到戶對戶服務。

3. 航空運輸（air transportation）

是講求效率的商品最常使用的方式，但是這些商品也不可以太過笨重，而且成本相當高昂，所以附加價值、售價高的貨品，才是這種運輸方式的主流。

4. 水路運輸（water transportation）

是遠距離且可以運送的大量商品，當產品是成本低、不需時限的，便可使用此方法。可是因船期一定，無法控制期限，是其一大問題。

5. 管路運輸（Pipeline Transportation）

以運輸石油、天然氣等可以存於管線的產品爲主，只要預先鋪設好管路，客戶便會源源不斷的收到產品，但是因只有管線到的地方，才會有產品到達，也有其不便的地方。

二、訂單、存貨、倉儲

1. 訂單處理

要能配送產品，所以公司的重點是如何縮短收到顧客的訂單到收款間的週期，如果時間過長，將會造成顧客不滿意，利潤也會降低。奇異公司目前有一套電子的訂單系統，即15

秒內可查出存貨紀錄或發出生產指令，並把訂單傳給銷售人員。

2. 存貨管理

存貨水準是影響顧客滿意度的一個主要因素，一般銷售管理人員喜歡有超過標準的存貨，可以增加顧客滿意度。但是公司存貨過多，則會增加成本，及存貨地點的租用費用。若存貨過低時，則需要時間去訂貨，有時會冒著缺貨讓消費者抱怨及損失商譽之可能性。

最適切的訂貨應決定於處理成本與儲存成本的加總，訂單成本隨訂貨量增加而下降，訂單處理成本也會隨著訂購量的增加而下降，也是每個單位計算的儲存成本隨著訂購量增加而增加，因爲訂購多，單位產品停留時間也會較長，當兩項成本相加時，即可得出總成本曲線。對應總成本最低點所下的量，即是最適合的訂購量。

3. 倉儲管理

產品在尚未銷售前，皆需加以儲存，當生產與消費尚未有完整配銷系統時，皆需有完善的倉儲管理。例如：冬季才會有的烏魚子及鮑魚，若在夏季時也要享用此一美味，則需倚靠倉儲管理，其中需注意倉庫的地點及倉庫的數目。因爲眾多的存放場所使公司可更快速送交貨品給顧客，但也會使倉儲成本上升。存放地點的數目，需在顧客服務水準與配送成本中取得一個平衡。

4. 案例：momo購物

富邦媒總經理谷元宏表示，富邦媒2023年營收已突破1,000億元，達到1,092億元，年增5.6%，2024年營收目標預期一季比一季好，至於獲利方面，第一季獲利與2023年全年平均差不多。momo營收破千億元後，將展開三大戰略布局，且跟隨Amazon及中國大陸大型電商腳步，推出「momo Ads」服務。

迎向2050年全球淨零碳排目標，momo宣布正式啟動「momo綠活會員」，加速邁向環境永續的步伐。四大會員權益強化經營momo永續消費客群，將從綠色包裝、綠色物流、綠色消費三管齊下，邁向永續電商。momo綠活會員包含：(1)優先使用循環袋配送，號召消費者共同轉動「momo循環包裝生態圈」正循環；(2)提供會員快速到貨商品「集中到貨」減碳物流新選擇，並祭出mo幣獎勵回應永續行動；(3)第一手「綠活優惠活動」不漏接，折價券、mo卡加碼優惠、環保活動訊息搶先接收；(4)同時規劃「ESG標章小學堂」，加深推廣永續理念。

momo的綠色行動分為三個面向，從包裝與物流面向的包材減量、物流路線優化，到消費者端的綠活會員制度與綠色生活館，促進消費者一同支持綠色消費。

包材方面，momo使用創新蜂巢紙袋取代塑膠氣泡紙，以及減少環境衝擊的環保紙箱、水解膠帶與環保破壞袋，也採用可重複使用的循環袋。momo表示，他們提供可重複使用的物流箱給供應商，藉此讓對方看到momo想做公益、想共好的決心，也讓對方親自感受momo的綠色物流具備實用性。

同時，momo運用AI計算最佳減量包裝方式，自動推薦給第一線人員，解決人員估測失準的問題、幫助新人快速上手，也達到包材減量與包裹安全的平衡。

momo積極建立「循環包裝生態圈」，透過綠活會員的經營，能召集更多關注環保議題的消費者，鎖定此客群優先投遞「momo循環袋」配送，除為會員提供舉手投遞做環保的綠色網購體驗，更有助於提升循環包裝的回收效益。

momo持續擴大循環袋回收，目前全台回收據點突破10,000個，包含與中華郵政「郵務系統」配合回收之郵筒及i郵箱附設智慧郵筒、「美廉社」全台門市，讓包材循環行動更貼近消費者的生活。

而爲落實減碳運輸，momo綠活會員提供快速到貨商品「集中到貨」服務，同意參加集中到貨服務之訂單，將透過既有的倉對倉轉運車趟，將會員訂購的商品集中至集運倉合併出貨，除有效提高紙箱的裝載率、減少緩衝材的使用量，亦可減少戶對戶的運輸與配送趟次，以降低里程數進而減少碳排放量，同時爲消費者提供一次性取貨的便利性。

通路實作篇

・實作思考題

在每一次決定通路的過程中，最好能思考以下的問題，再做成屬於自己的通路計畫：

1. 你的商店、企業交通是否方便？
2. 是否有相同的商店、企業在同一個地區？
3. 你的通路網是否密集？是否便利？
4. 顧客前往你的企業，是否容易停車？
5. 經銷商對你的企業是否忠誠？
6. 產品是否陳列在商店重要醒目的位置？
7. 經銷商的財務狀況如何？付款是否準時？
8. 你是否定時鼓勵、優惠你的經銷商？
9. 你的企業所生產的產品，是否容易在任何地方購得？
10. 你的產品在經銷處，可否獲得良好的保存、儲藏？
11. 你是否有計畫更改你的經銷商？或增加你的經銷商？
12. 你的經銷商是否比競爭者更具優點？

・重點提醒

1. 在企劃案中一定要將企業的通路層數、公司的通路管理，及招募方法寫清楚。
2. 如何激勵通路商？這也需在企劃案裡寫清楚。
3. 每一家公司的通路規劃不同，有些通路相當長，供應及價格便是很大的問題。

問題討論

1. 台灣的直銷公司相當多，在你印象中哪家知名度最高？你可否願意成為其個人經銷商？其原因為何？
2. 假如你是廠商，你認為有哪些產品還可以放入自動販賣機？其原因為何？
3. 用存貨出清的通路促銷方式，是否會吸引你個人前往購買？
4. 請你蒐集一下最近的型錄，其中最優秀的是哪一份？印製最差的又是哪一份？其原因為何？有無任何一家型錄公司，眞正抓住你的生活型態或購物習慣？
5. 你個人認為便利商店把新產品上架至其商店內，收取為數不小的上架費，是否合理？
6. 你是否從網路上買過產品？你購買過哪種產品？你為何會從網路上購買此類產品？你認為誰會從網路上購買食物、鮮花、內衣、服飾等產品？

教室討論題

1. 你認為量販店通路商應強調服務品質或是交通便利？停車空間？還是低價位？
2. 你認為統一星巴克通路成功之因素為何？它與西雅圖咖啡最大不同處為何？請加以比較。

設計促銷組合

促銷組合概論

第一節 促銷組合通論

促銷可以定義爲行銷組合（即產品、價格、通路和推廣），而其整體的考量，才可以彼此協調，達到最大的行銷效果。

行銷溝通組合，有五個主要的工具組合：

1. 廣告：由特定的贊助者所提供的付費形式，透過平面、立體廣告、網絡等方式來宣導公司形象、促銷產品或服務。
2. 直效行銷：使用DM、電話、網路或非人員接觸工具，與目標顧客溝通，使消費者對於產品、服務更加清楚。
3. 促銷特賣：此種促銷是以短期誘因，鼓勵產品或服務的消費。例如：折價券、銷售區末端的拍賣區，和買就送的免費贈品等。
4. 公共關係：是藉由產品、服務優良的印象或引發大眾注意的方式，和群眾建立起良好關係。比起用意太明顯的廣告，大眾較能接受此種方法。所以，公共關係是相當有效的促銷工具。
5. 人員銷售：面對面的進行溝通，以銷售人員的交易技巧來促成交易。

第二節 發展有效溝通的步驟

一、確認目標衆

行銷溝通人員心中應有一個明確的目標眾，可能是組織中的購買者，亦有可能是個人。目標眾會讓行銷人員知道該說些什麼？如何說？何時？何處？與誰對話，例如：BMW與RV休旅車的目標眾有相當大的不同。

二、決定溝通目標

一旦決定目標市場及其特徵，便要讓購買者從原來之準備階段，進入購買的行動。

1. 知曉

讓消費者知道公司的產品、服務，建立知名度是最重要的。例如：Apple公司在製造每個產品時，便要讓消費者知道所有產品，過去是用電視廣告、雜誌，如今是網站訊息、Facebook。

2. 了解

除了公司的名字外，更要引起一些話題或活動，讓消費者對於此產品有更進一步的了解。只要Apple相關產品出現，便會有許多年輕人上網做比較、討論，由於這些討論，消費者會更了解。

3. 喜歡

當目標視聽眾知道且了解此產品，是否會喜歡？如果不能產生喜好，則要加以研究，且要讓所有溝通活動都傳遞正面訊息。

4. 偏好

有些產品雖能產生喜好，但在品牌眾多的錶界，無法產生偏好，便無法造成採購行爲。所以，溝通者要加強產品的品質、價值、績效及其他特色，讓消費者深深喜歡上此產品。

5. 信服

雖有偏好，是否讓人認爲支付此價格是值得的，只有高明的溝通者，才能建立令人信服的促銷組合。限量出售常是令人信服的方式，但唯有高品質、高知名度的品牌，限量才會產生吸引力。

6. 購買

溝通者應引導消費所採取的最後步驟。有時是全套配套措施，有時是加長服務期限、消費者演講會、經銷商大會等，每一個活動都是要增加購買的機會。

三、設計訊息

1. 訊息內容

有何訊息、主題、構想、獨特的優點？

(1)理性訴求

知識性的告知，以數字分析、事實分析，讓目標眾的自我利益可以突顯，汽車、高科技產品常使用此方式。

(2)情感訴求

要激起人們的正負面情緒，或者勾起一些心中的夢想、回憶，讓消費者產生心有戚戚焉的感覺，或者以幽默方式來表達。家庭用品、化妝品或結婚用品，偏好用情感訴求來表達。

(3)道德訴求

引導目標眾有較正確的看法，常被公益團體用來引導人們。

2. 訊息結構

單面或雙面論證、先後次序的結構等，都會影響訊息的說服力。

3. 訊息格式

使用快而有趣或緩慢且重分析的格式來展現溝通方式，所有的格式都需與目標眾相關。

4. 訊息來源

行銷溝通人員要清楚知道，消費者對訊息來源相當在乎，這個因素也解釋爲何Nike的代言人麥可・喬登讓Nike大賺，因大家認爲喬登推薦的籃球用品一定是好的。所以這些訊息來源相當正確，因爲可信度高，專業性也高。這個例子說明公司在與購買者溝通時，訊息來源之重要性。

四、選擇溝通通路

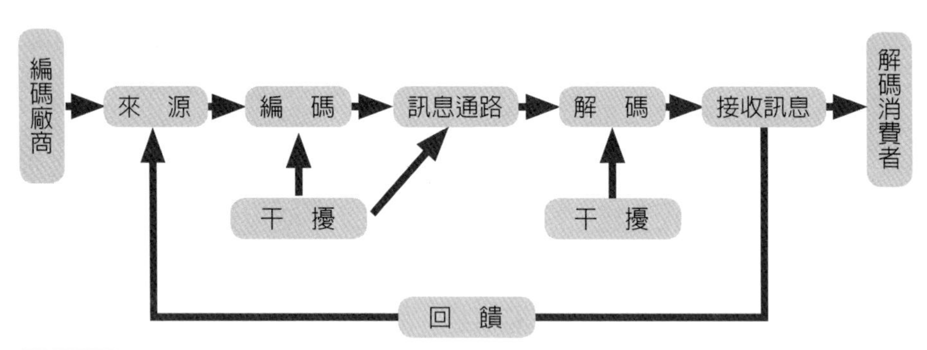

圖 10.1 溝通程序模式

資料來源：修改自黃俊英著《行銷學》（1997），p. 273，華泰出版社。

1. 人員溝通管道

人員溝通是透過兩個人或兩個人以上的直接溝通，他們可以透過面對面、透過電話、網路，或是信件的方式來進行溝通，而且此種方式可以針對個人來做溝通設計，是相當個人化的方式。

人員溝通除了廠商的業務人員外，亦可包括專家的說明與展示，或者經由鄰居、同事、朋友及家人等管道間潛在的消費者推薦。這便是目前最流行的口碑影響（word of mouth influence），在本章的後半段，將會把口碑做一個最清楚的說明。

2. 非人員溝通管道

非人員溝通管道係指不以人員的接觸或回饋來傳達訊息的管道，其中包括以下三種方式：

(1)媒體

有印刷的平面媒體、廣播媒體、電子媒體及展示媒體，這是過去最重要的管道，目前也是相當重要的方式之一。

(2)氣氛

設計特殊的購物環境，增強購物者的購物欲念。POP（Point of Purchasing）便是用這種方式，而過去在電影中的大金剛，便在電影院放置凶猛的金剛模型。以前的「木船」民歌餐廳也會在門口放置數個人像，讓每個人可以有不同的感受。

(3)事件

傳達給特定視聽眾的活動。例如：記者會、開幕酒會、新產品發表會，這些都是相當吸引人的事件、活動。

五、建立整體促銷預算

最困難的是要花多少錢來促銷？這一直是所有業者相當困擾的問題。促銷預算編列最常用的方法有五種：

1. 銷售百分比法

促銷預算常以目前或預期之銷售額的某一個百分比作爲設定推廣預算的基礎。譬如：有些高價位產品便會有較高的銷售百分比，如汽車、房地產、家電等。而低價位的產品，則會有較低的銷售百分比。

銷售百分比有許多優點：

(1)它的方法是讓每個廠商可以因爲銷售之變動，而有所變動，這會使財務部認爲較爲安全。

(2)它會使行銷部仔細去思考成本與行銷成本、單位利潤間的關係，不再只注意單方面的行銷問題。大部分廠商都會用相同的百分比作爲行銷費用，不再是彼此間的惡性競爭。

2. 單位固定金額

是根據每生產或行銷每單位的產品，便提撥一定數額來作爲設定促銷組合的預算，也就是每銷售一本雜誌，便提撥100元作爲促銷組合費用，若明年預估會銷售一萬本，那下一年度的促銷預算將爲100萬元。這種計算方法相當容易，但是在使用此種計算方式時，最大問題是未考慮產品生命週期，因爲在產品生命週期之初期，該放入更高的金額在促銷成本上；在產品生命週期末期，則要減少費用。而不同產品的特性，也會運用不同的比例。

3. 量出為入法

此種方法是依照公司本身的能力來支付促銷費用，但公司會以本年度之銷售量，而給予不同的促銷費用。這種起伏不定的預算，會讓行銷的效果有所打折。而且變動太多是知名廠商之致命傷，也不利企業對行銷的長期規劃。

4. 競爭對等法

許多公司在設定預算時，總要打聽競爭廠商，希望與競爭者有個對等的行銷費用，如果可以知道競爭者的費用，大家皆以較對等的比例或金額設定，如此可以維持一個齊頭式平等的競爭，但每一家廠商的信譽、產品、目標市場和資源都不相同，因此難以齊頭。此外，也沒有任何的證據可以證明，利用競爭對等的促銷預算不會造成任何促銷戰爭。

5. 目標任務法

目標任務法需要行銷人員先界定特定目標，決定達成此特定目標所必須執行的任務，再估算執行這些任務的成本，而將這些成本加總，即爲促銷預算。而近年也因消費者喜好變化大，想要達目標更是高難度。

這是最準確卻也最不容易的方法，因爲此計算方法需要知道促銷支出及結果間的關係。例如：某家洗髮精公司推出新的精油系列產品，他們希望在三個月內，讓70%的目標市場顧客知道此產品，這家洗髮精要用多少的廣告和促銷活動才能達到此目標？這種方式才是目標任務達成的方式。

此種計算方式的答案取決於產品之生命週期是消費性產品或是選購品，理論上，在實務上想要達成這個做法，是相當不容易的。

第三節 促銷組合

促銷組合的工具種類不再如以往稀少，行銷人員應熟知如何運用這些促銷工具，但如何加以組合，也是相當重要的行銷決策。不同的產業之間，將會有不同的分配方式；相同的產業，也會用不同分配策略。例如：2002年相當受歡迎的《魔戒》及《哈利波特》這二本書，《魔戒》使用不少廣告、活動，《哈利波特》則採行一般活動、促銷活動。而其他一般教科書，係以人員銷售、公關費用進行促銷；農業化學藥品則以人員銷售爲主要銷售重點，有時會以展覽會、說明會爲輔。

一、各種促銷組合工具的特性

每位行銷人員在選擇促銷工具時，需先了解各種推廣工具的特性，表10.1列舉各種推廣工具的優點和限制。

表 10.1 各種推廣工具的特性

種類	優點	缺點
廣告	1. 在短時間內接觸到大衆購買者。 2. 有許多不同媒體可供選擇。 3. 可生動、活潑地呈現產品與服務。 4. 有效率。 5. 易有大迴響。	1. 接觸到的不見得是目標衆。 2. 廣告的真實性易受懷疑。 3. 暴露時間短。 4. 成本太高。 5. 目前媒體過多，很難掌握目標消費者之主要媒體。
銷售特賣	1. 有許多新方式可加以選擇。 2. 可在短期內刺激銷售。 3. 容易與其他推廣工具結合使用。 4. 不同的組合方式，可以有新鮮感，並吸引消費者。	1. 只有見樹不見林的短期銷售。 2. 減價活動可能會傷及品牌形象。 3. 活動方式易被抄襲。 4. 活動期間需要許多人員投入，也需行銷人員用許多不同促銷方式，方可吸引購買者注意。
公共關係	1. 可信度高。 2. 較易接觸目標衆。 3. 可用公司喜好的方式來展示公司及產品。 4. 成本較低。 5. 可吸引大衆的注意力，用不同方式來表達產品，頗具吸引力。	1. 媒體不一定配合。 2. 因過多公開活動，已使消費者有些疲乏。 3. 暴露時間比廣告更短。
人員銷售	1. 合適複雜且高價之產品與服務，可對產品的特性說明清楚。 2. 有互動關係，可知道購買者之回應。 3. 有機會與顧客培養長期關係。	1. 單位接觸成本較高。 2. 銷售人員的標準化不易，會在技巧上有所差異。 3. 所能涵蓋地區較小。
直效行銷	1. 量身訂做，針對客戶的喜好。 2. 費用低。 3. 可直接接觸到顧客本人。 4. 年輕消費者相當喜愛此方式。	1. 只對特定的人，不能擴大至其他人。 2. 蒐集個人資料不易，尤其目前消費者相當重視隱私權。 3. 有些消費者不易接觸到這些直效行銷媒體。 4. 有時消費者會相當排斥直效行銷方式，廠商未來商譽堪慮。

二、設定促銷組合之因素

1. 產品市場的類型

促銷工具的相對重要性，隨著不同市場，也會隨著時代而有所改變，廣告會因其產品價格的下降，反而顯出其重要性。而功能性強、複雜性高的商品，則益發顯現人員銷售之重要，唯有面對面互動的教導、研究，才可增加選購者之信心及購買欲望。

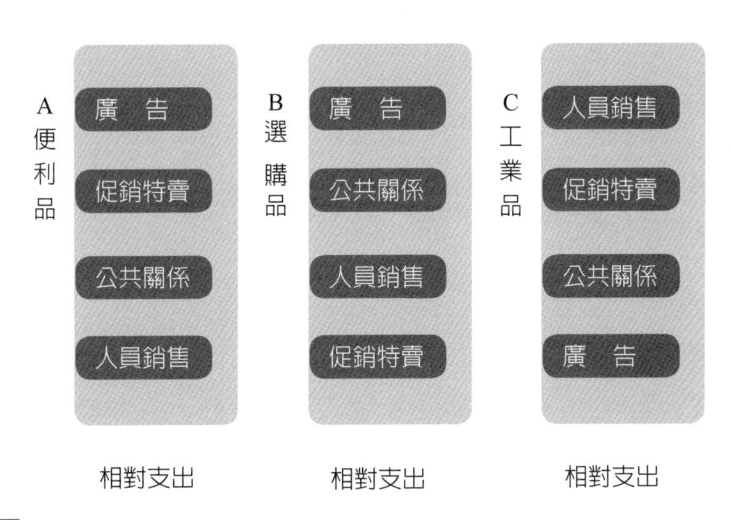

圖 10.2 促銷工具在不同市場的排列

2. 產品生命週期

不同促銷工具在不同的產品生命週期，亦有不同的效果，在產品導入期，以廣告或是新產品的公開報導方式，可吸引消費者的注意力，譬如：威而鋼在台上市之際，以公開報導方式，讓產品在媒體上大量曝光，即造成搶購風潮。

介紹期、成長期透過人員銷售、公共關係方式，可讓產品銷售漸佳，成熟期採用提醒式廣告及促銷活動會影響購買者行動。

在衰退期，促銷仍然重要，廣告只占提醒作用。例如：彩色手機剛上市時，每支手機售價超過15,000元，但到後期，每支手機可能只要5,000元以下，靠著更多促銷活動才能使這項商品繼續銷售。

每一種產品的新上市時期，業者皆期望在產品生命週期初期，以高價位進入市場。

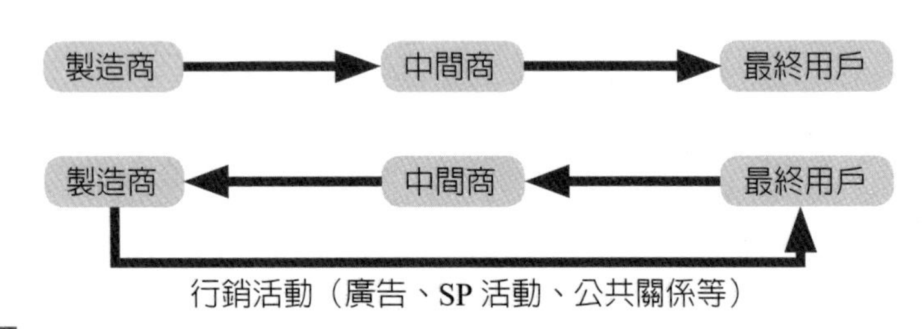

圖 10.3

3. 推或拉的策略

行銷組合中，有的廠商採用「推」策略，有的採用「拉」策略，依據不同產品的屬性以及廠商的決策。

「推」策略是推動中間商，對中間商有些不同的促銷活動，讓他們努力向消費者推薦產品。例如：西藥房、美容、美髮院都採用此方式。「拉」策略是讓消費者先喜歡廠商的產品，讓消費者自動向中間商要求購買廣告中的產品，使得中間商不得不向廠商進貨。例如：食品界、消費者都較喜愛此方式。

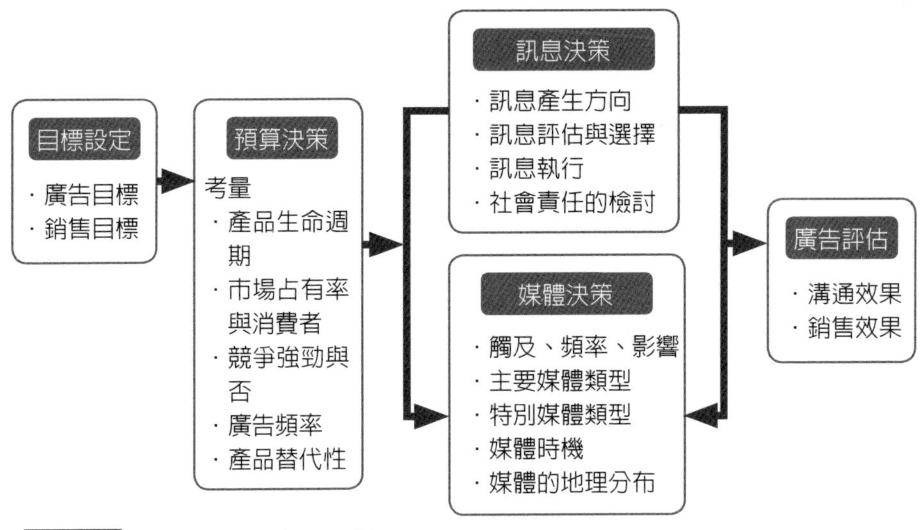

圖 10.4　廣告管理的主要決策

資料來源：Kotler、Amg Leong 和 Tan 著，謝文雀譯，《行銷管理：亞洲觀點》（2014），華泰出版社。

第四節　促銷組合工具

一、廣告

1. 設定廣告目標

所設定的廣告目標必須可加以衡量，如果沒有規則可循，或測定廣告的有效方式，也要使廣告可接受挑戰及評估等。

廣告的最終目標當然是爲了協助銷售，但是，一般而言，廣告的效果是需要長期累積，不易「立竿見影」。所以，想以目前「廣告量」交換成「銷售量」是相當困難的。因此，企業勿以目前的「銷售量」作爲衡量廣告之好壞。而好的銷售率，也需要有其他因素加以配合，例如：產品的鋪貨率、品質、價格、銷售人員的素質。否則，即使廣告做得再好，也無法受到消費者的青睞。

一般而言，依照重點之不同，將廣告目標分爲以下三點：(1)告知性廣告：讓消費者激起欲望，有時是新品上市、改包裝、介紹新用途；(2)說明性廣告：嘗試改變選購產品的習性、認知，而製作的廣告；(3)提醒式廣告：強化對原有品牌的喜好，且常加以提醒消費者，如旺旺仙貝的提醒廣告。

2. 廣告預算的決定

(1)在生命週期中的階段

在新產品發表初期，爲了要建立知名度，所以會編列更多廣告預算，而且希望讓購買者建立信服度。對於已有知名度的品牌，也會編列一定的百分比預算，使消費者再購率增加。

(2)廣告頻率

人類的商品記憶度是有限的，重複傳達品牌訊息給消費者的次數，也會決定廣告預算。

(3)市場占有率與消費者基礎

如果想以拓展市場來提高市場占有率，則需要較大的廣告支出。品牌占有率高的廠商，可能只需要較低的廣告費用（但有些市場龍頭反而仍花大筆的廣告預算，因他們還想要擁有更高的市場占有率）。此外，就接觸每位消費者所花費的平均廣告支出而言，市場占有率高的品牌比市場占有率低的品牌少。

(4)競爭與混亂

在目前的市場中，如果要突出於市場，需花費相當昂貴的廣告費。而且在不同媒體大量干擾之下，想「突破重圍」讓消費者認知到公司品牌，更需要大量資金且具有特色才行，如此才能讓不同年齡層的消費者接受。

(5)產品替代性

競爭者眾多，且替代性高的品牌，想要建立與眾不同的形象，也需要有大量的廣告加入，方可使更多的消費者記得產品。

(6)目標眾

如果市場主要是舊的客戶，則不需花太多的廣告費用。如果是要改變一個目標市場，則爲了告知、教育消費者，往往要面臨更多的訊息傳達，而要有更大量的費用預算。

3. 決定廣告訊息

(1)訊息內容

廣告策略發展的核心所在，也就是一個企業或組織要表達什麼內容給消費者。在訊息中，要表達一種責任及承諾，如此一來，才可以獲得目標視聽眾的信賴，並且加以選購。所以，產品請名人做代言或示範，也是要加強廣告的可信度。

(2)訊息表達風格

目前社群廣告或網紅的廣告，可說是五花八門。

①幽默

現在越來越多的廣告喜歡用幽默的方式表達，因爲輕鬆一下，讓生活不再是壓力。例如：保力達「蠻牛」便是利用此種方式，受到大眾歡迎。而曼陀珠更是利用幽默，把生活中的小挫折改變成爲趣味，因此也相當受到E世代年輕人的喜愛。

②生活片段

人生都活在生活中，所以用生活片段，便可在生活中將產品的特色及利益介紹給消費者。例如：沙拉油、汽車、飲料的廣告片中，都常用生活片段來吸引消費者。

③證言式

藉由使用者的現身說法，會相當具說服力及吸引力，許多歐美企業常使用此方法來表達產品的有效性、特殊性。例如：聯合利華的白蘭洗衣粉、多芬洗髮精便常用此證言式。葛蘭素史克藥廠以各國醫生替「舒酸定」做證言，也頗受歡迎。

④示範

如果商品本身的商品力很強，用直接表現的方式會更有效果。金頂電池則是用示範性的比較，有「直搗黃龍」的氣勢。而海倫仙度絲也是採取使用前、使用後來示範其產品之效果。另外使女性身材改變的內衣，也常用此方式。

⑤問題解決

當消費者面對難題時，他們期望可以找到產品，能夠解決其困難，不管是「狐臭」、「口臭」、「頭髮分叉」、「皮膚老化」，這些都是消費者希望能被解決的問題，因此芳香劑、護髮素、漱口水等產品應運而生。

⑥名人證言

請知名人士來為產品代言，可以讓消費者對產品印象深刻，這也是國內廠商常用的方式，例如：之前美國大聯盟投手王建民，他可以增加產品的說服力；另演藝人員如大S、小S也都是採用此種方式做證言的代表性人物。

⑦幻想

創造產品或使用後產生的幻想，是精品、化妝品常用的方式，例如：讓女孩子用了此產品後，便對自己未來會遇見白馬王子有種幻想。在國外，汽車產品也常用此方式，做成令人會心一笑的廣告。

⑧科學證據

在廣告中，使用科學印證、數據，來證明此產品爲何比其他品牌受歡迎之原因，汽車或電器用品則偏好此科學證明方式。

(3)語調

溝通者也需爲廣告選擇合宜的語調，大部分的廣告，皆會以正面、積極的說法，但也有以特殊的手法。有些保險公司則會以較幽默、特殊方式來表達，也是可以「突破」其特殊風格。

(4)格式

格式是指廣告的大小、顏色及圖片，這也會造成不同的效果。有些服飾、化妝品公司好以驚悚的圖片、顏色，使人震撼，但過於驚世駭俗的風格也不見得受歡迎，但卻一定會引起注目及討論話題，有時便達到廣告之目的。

4. 選擇廣告媒體

(1)產品特性

有些產品因可以普及社會的每個階層，所以可以利用電視廣告，但有些特殊的產品，僅見其出現在特別的平面廣告。所以，每一個廣告的決策，乃在於產品別及產品特性。如果翻閱女性雜誌，超過80%的廣告爲精品類或化妝品，但在電視上則少有機會看到如此多的名牌精品廣告。因爲不是所有的電視觀眾，都是精品的目標市場。所以他們不會花大量廣告費用在大眾媒體上，因爲產品特性不同。

(2)決定接觸率、頻率及影響

①接觸率：在特定時間內，能夠接觸到的人數或家庭。

②頻率：在特定時間內，平均到達個人或家庭的次數。

③影響：在媒體展露後，所產生的銷量或產生之價值。

接觸率百分比×接觸頻率（次數）＝媒體影響

預測媒體影響，通常以四個星期為基礎，但也有可能以幾個星期的促銷活動，整個廣告刊播時程及一個年度為基礎，預測接觸率及接觸次數。電視、收音機等電子媒體會立即造成影響，而平面媒體、車廂廣告和戶外廣告則效果較慢，但是時間較長。在平面雜誌上，更會因傳閱，而時間可延長為3～6個月。

許多廣告主相信要多次展露在目標視聽眾面前，廣告才會達到其效果。但是最重要的不是次數，而是給消費者留下的印象是否深刻，若可以造成話題，更是留下影響的最佳辦法。例如：安泰ING的「死神」廣告，便使人印象深刻；而過去「開喜」系列的茶飲料，也常叫人眼睛為之一亮。也許不需有太大量的廣告，也會留下其深刻印象。但若在不同媒體工具，也有加乘效果，因為視聽眾在任何地區都可發現公司產品，心中自然留下深刻的影響。

(3)成本

業者固然希望對消費者有高度的影響，但也要注意到成本的代價。電視效果快，但除播放成本高外，製作成本也不低。目前因電視台過多，很難知道目標眾所選擇的電視台，而相對在台灣的著名報紙卻有限，而且報紙費用低，較容易抓住消費者注意力。現今網路成本不高，也是受年輕人歡迎的廣告方式。

5. 評估效果

(1)溝通效果評估

溝通效果主要在評估廣告與顧客之間的溝通情況，例如：廣告是否吸引目標眾的注意，或是否能記住。

①事前測試

A.直接評分：讓目標市場的群眾，直接針對廣告之設計、文案加以評分。這種方式可能無法直接把好的廣告選出，因許多設計是見仁見智的問題，但至少是可以減少最差廣告的機會。

B.組群測試：係利用群組人員，讓此群組的人看完廣告後，再加以測試他們對廣告內容的記憶，可以就其記憶內容，知道消費者對廣告之理解程度。

C.實驗室測試：在實驗室中利用一些科學儀器來測量消費者對看完廣告後，所產生的生理反應，如心跳、血壓、瞳孔放大、出汗、興奮等，以評估廣告之效果。

②事後測試

A.回憶測試：請曾接觸本產品廣告的消費者說出廣告主、產品特性，及其他能記憶廣告的程度，此回憶的分數代表廣告受注意及內容記憶的程度。

B.認知測試：可分成注意率、粗讀率、精讀率三種，表示讓消費者看完廣告後所獲得的認知結果。

(2)銷售效果

如果只有廣告而沒有評估銷售效果，這種廣告只是爲廣告而廣告，沒有任何作用。所以一個好的廣告必須能夠促進銷售。如何評估銷售效果？可用以下兩種方式：

①歷史資料分析

在過去一年的相同月分，如果廣告減少了，或同時期的廣告量較大，銷售成果如何？可以藉著分析過去的會計、銷售數字紀錄，得以了解此次廣告效益。

但是每一年的經濟景氣不一樣，而且業務人員也不相同，許多情形在每一年都會有所變化，所以過去的歷史，也不全然可以爲今年下定論，但仍不失爲一種用來得知行銷效益的好方式。

②實驗分析

利用變動廣告支出的數額，將廣告支出以外的因素維持不變，然後據以衡量不同的廣告支出水準對銷售額的影響程度；或是分區實行，有些地區採行高廣告策略，有些地區則用低廣告策略，再加以比較兩種廣告策略之不同及落後的比例。

二、公共關係

過去教科書中所描述的促銷組合裡，公共關係一直不是很重要的部分，但目前媒體過於氾濫，無法確知使用何種廣告工具、媒體，才能使目標消費者對產品、公司有深刻印象，所以企業也透過另一個新方法——辦活動、發表會、記者會，來加以因應。透過活動的舉辦產生好的賣點，所引發的媒體報導，廣告費用低，卻更有銷售效果。這股新風潮便是公共關係（Public Relationship, PR）。

1. 公共關係（簡稱公關）

是與顧客、供應商、經銷商及公司內部人員皆有良好的關係，而且在任何機會、時機及地點，公關人員需以積極、正面的表達方式，傳遞公司之形象、產品訊息。

公關人員所負責的五項主要任務目的，是支持或協助企業形象及銷售公司的產品；或許在表面上不具有關聯性，但在實際上，卻是息息相關，彼此幫襯。

(1)與媒體關係

與媒體關係是公關人員相當重要的重點，把有價值的訊息交給媒體，讓他們報導有關企業的所有資訊，能正確吸引大眾、組織對企業本身的注意。

(2)新產品發表及公共報導

把公司的新產品，加上一些創意及用心的活動，讓消費者可以知道我們的研發結果。這種新產品發表會，也是花樣百出，但每個活動及創意都需與產品相關，而不要只是花大錢，卻無法達到相對的效益。

(3)企業溝通

此活動包括對內及對外，讓彼此有更多的了解，才有助於未來溝通，而良好的溝通亦會造成較佳之行銷計畫、促銷組合。

(4)遊說

遊說涉及對所有的政府官員，以促成或限制立法等工作。如環保單位對大賣場限制塑膠袋使用，許多塑膠製造商考量未來行銷之便利，便想遊說政府取消，這時便需要公關人員的協助。這是在美國公關人員需要做的一個重要工作之一，但在台灣很少有機會可以實行此方面之功能。

(5)諮商

協助管理階層做出更好的行銷策略，以維護公司的形象，這是目前在台灣公關公司需要做的工作；相對的，行銷部門很少會眞正諮商公關主管才做決定，這也是需要加強之部分。

2. 主要的公共關係工具

(1)出版品

公司需要許多溝通資料以觸及並影響目標市場，這些溝通資料包括年報、公司簡介、文章、視覺影片、公司通訊與刊物等。年報可視爲對股東及社會大眾的銷售簡介；公司簡介在介紹產品、如何生產與組裝，所以公關出版品的角色很重要。因文章是由公司主管所撰寫，用來吸引大眾對公司的注意，目前出版品常被視覺影片所取代。

(2)事件

整合企業本身資源，透過具創意力的規劃，使之成爲大眾關心的議題，因而吸引媒體報導及消費者參與。以週年慶方式及其他文化贊助等，來觸及各目標眾。GSK葛蘭素史克藥廠，便使用happy moon的網站結合大學教授、醫生，透過搶救青少年心情大作戰的Event，來提高大眾對該公司之認識。

案例：Corona作爲海灘派對不可或缺的主角之一，清除海廢是企業回應環境永續最好的議題選擇。2021年夏天，Corona在墨西哥的錫那羅亞州首次舉辦「Plastic Fishing Tournament」的特殊比賽。在獎金制的鼓勵下，超過100位漁民參與這個活動，並移除了海洋中超過3噸的海洋垃圾，成功發揮漁夫日常維生的技能，捕獲大量塑料海廢，在賺得獎金的同時，也讓海洋變得乾淨。

由於沒有人比漁夫更知道如何在海裡補獲，於是企業透過和漁夫的合作，創造出在ESG上三贏的局面，藉由戶外廣告傳散播，活動於五個城市的漁村中進行，不僅號召了當地漁夫的熱情參與，對品牌方而言，更贏得這個以海爲生，卻飽受海洋汙染的村民的心，在值得慶祝的時節，威謝Corona讓環境保護變得更容易。

「#PlasticFishingTournament」活動也在中國、以色列、南非、巴西、墨西哥同步舉行，一天的活動中，總計回收了超過22噸的海廢。這項與回收單位的合作活動持續進行中，開創漁夫們在淡季時的新收入來源，更凝聚企業品牌與當地人文爲了環境永續發展進一份心力，也對整個世界產生積極影響。

(3)公共報導

公關專業人員的另一個主要任務，則是找出或創造對公司、產品及人員有利的報導。新聞的產生需要有發展故事觀念、研究、撰寫並請報社發布的技術，公關人員的技術需超越準備新聞故事。向新聞界發布訊息、舉行記者招待會，都需要行銷與人際技巧，一個優秀的公關媒體主管要了解新聞界對趣味、即時性故事的需要，且應利用已撰寫好、並可引起注意的新聞稿。另外，媒體主管需和編輯與記者建立良好關係，方可使文字躍上媒體。

(4)演講

演講是另一個創造產品與公司公開性的工具。公司主管回答媒體的相關問題，在公會或銷售會議上演講等，這種公開露臉方式都會建立或損及公司的形象。公司應仔細選擇其發言人，使用文字撰稿人來協助改進發言人的公開言談。例如：之前威盛董事長陳文琦在股票上市的感恩茶會上的演講，便讓人深感敬佩。

(5)公共服務活動

公司也可透過捐出金錢與時間，來改進對外信譽。大型公司可要求主管支援公司或工廠所在地的社區活動，也可將消費者購買金額中一定數額的錢捐出，以建立良好形象。

在921大地震時，便有許多大企業做此公共服務活動。

(6)識別媒體（CIS）

公司的事物，各有其外觀，常會令人混淆不清，且易錯過創造並強化公司識別的機會。在過度溝通的社會中，公司需互相競爭以獲取大眾的注意，因此需創造視覺識別，使大眾可立即辨認。這些視覺識別包括商標品牌、文具、簡介、符號、名片、建築物、制式口號、車輛等。

如：耐吉的CIS便是五大洲的人都認識，且頗具代表性。

(7)公共議題

當企業主（廣告主）表明贊成或反對某事件之立場；或是當一事件發生後所造成的公共議題，企業可藉由活動或演講提出問題和看法。一般而言，大多數公司都避免使用有爭議的議題做廣告或活動。

意見廣告又可分爲四大類：對政府之控訴，如法國核子試爆，引發全世界抨擊之廣告；健康議題，所有菸商於包裝外皆載明「吸菸有礙人體健康」和董氏基金會所製作之「拒抽二手菸」廣告等；資源環保議題和知識之推廣，如LOUIS VUITTON等精品業者提出「仿冒品是對創造的否定」，和台灣集合眾歌星一起做出拒買盜版的活動。這些都是針對公共議題所做的活動，或者影歌星賣二手衣幫助88風災災民，也有異曲同工之妙。

(8)危機處理

公關講求的事前危機管理和事後危機處理，前者多以平時性公關爲主，後者則是在事件發生後的補償性措施，並以誠信、快速、負責且具公信力的處理方式爲主。

現在因世界的混亂，公司的PR更是需要有十八般武藝，因爲產品的創新、食安、代言人糾紛、醜聞都會影響，所以危機處理更加重要。

①事前公關管理

處理危機是治標行為，管理危機才是治本。根據統計資料，84%的危機是可預防的，而只有16%的危機是無法預防的。危機發生分為四個階段：「預警期、災害肇始期、危機爆發期、危機善後期」。每個階段都有其關鍵處，一般而言，需要「掌握第一時間處理」的原則。

熟悉掌握危機管理的步驟相當重要，依此步驟可因應不同型態的危機，包括：成立危機處理小組、檢視企業可能發生的危機項目、擬定因應措施、設定發言人制度、發展溝通策略、定期演練。

②事後危機處理

危機處理的過程中首重溝通，掌握溝通原則，可讓危機化為轉機。溝通原則包括：爭取時間、主動發布消息；眞誠表現人道關懷；公開道歉、表示遺憾；負起責任；爭取「專業協助」。

然而，危機處理的過程是處理來自企業外部環境的負面壓力——競爭者的挑戰、消費者的態度與轉變和政策政令的變化等。在二十一世紀中，最有名的危機處理是美國911事件。而台灣921地震後，集集車站的修復，成為中部觀光造鎮的示範，都是危機處理成功的案件。因為社群的盛行，常常尋找KOL或是意見領袖擔任代言，但一旦這些人有個人私德問題，常常導致需要有事後的處理及切斷合作關係，例如：在醫療代言的名醫，如有緋聞或收受賄賂。

(9)企業贊助（sponsorship）

根據國際事件行銷集團（International Event Group, IEG）

於其出版的贊助報告（sponsorship report）顯示，從1998年開始，全球近五年來贊助金額達100%成長。

企業贊助最終的目的是在取得各種關係的一種贏的策略（張在山，民80），發展至今，也成爲企業廣泛使用的行銷活動之一。因爲企業贊助是企業提供資源（包括金錢、人力等），與其他組織進行活動，以交換企業與其活動之關係，達成企業行銷（社會行銷）或媒體宣傳之目的。例如：Nike在2010年世足賽企業贊助活動中，將Nike的聲譽及形象推向高峰，這是Nike在體育盛事中，不斷運用多媒體及廣告來贊助活動，使得賽事活潑、多樣式，也使得品牌達到加乘效果。而台灣房屋獨家贊助世博台灣館，也因爲台灣館的精彩展演與豐富的人文體驗，不僅獲得好評，更讓台灣房屋的贊助活動達到最高效益。

3. 公關內容與工具之決策

了解可使用的各種工具後，行銷人員需決定用何種方式來提升公司的產品形象及知名度。教科書新巨人「康軒」集團，即以良好的公關活動，贏得教改後的教科書霸主之地位。2001年收入25億元的康軒集團，如何以公關爲主，而掠取此市場？

辦理教師使用新書的「試教費」及「教師研習會」，讓所有老師知道如何使用新教材，而且幾乎是每兩名國中、小學老師，便有一人參加其舉辦的研習。再者，也開辦以課程爲主的教育新知雜誌，三分之二的國中、小學教師也都免費獲贈。並在雜誌大力報導「好學校、好校長、好老師」，把「康軒」的形象做出一個好關係。更以「權威學者」加入編輯群，如此不但可以增加其教科書之權威，也因作者群之壯大而頗具知名度。

所以根據以上的案例，先決定市場之需求及企業之能力，做我們可以做且該做之事，也許沒有許多的廣告費用，但仍可占有市場一席之地。康軒目前又使用其優良公關能力，創立了康橋雙語中小學，相信這個以十三億元經費創建的學校，也會在強而有力的公關活動下，帶動台灣中小企業之新紀元。

公關人員一定要小心，不要只爲辦個風光的活動，而忽略所帶來的經濟效益，有時在公關活動進行之餘，暫時很難看到效果，可是時間一久，「關係」對於銷售有所助益，才可達到決策之目的。公關人員（行銷人員）在撰寫公關報導時，往往彷彿書寫一篇文情並茂且褒揚公司、產品的文章，但在發出此種報導後，卻不見新聞媒體報導。其主因在於主事者未按媒體人的角度、立場來做報導，一篇充滿「業務人員行銷式」的文章或新聞稿，又有誰會加以採用？

4. 公關效益之評估

(1)媒體報導次數

最簡易、也最常見之方式，即是把所有的公關報導剪貼成冊，或是將電子媒體的影帶、DVD集結。但是此種方法卻不見得有多少人眞的記得此報導，也無法提供接觸率，更無法得知此公關報導對企業或產品所造成的銷售率。

(2)銷售價值

銷售額與利潤最令人滿意，例如：在百貨公司開幕週年，請了國際彩妝大師來台示範，免費替顧客化上新春彩妝，花了台幣200萬元請來大師，卻帶來1,500萬元的化妝品銷售收入，這便是因免費之公關示範化妝、免費彩妝所帶來的價值。而天下雜誌請來世界級管理大師，費用雖高到令人咋舌，但所帶來的企業知名度，以及帶動書籍暢銷也是另一個銷售價值。

(3)知曉、理解、態度改變

知道有多少目標消費者，因公關活動而對公司、產品的知曉、理解、態度之改變，而且又有許多人會因此新聞、活動向其他親友訴說此項產品、服務？又有多少人聽了此演講而改變其行爲？廣青文教基金會舉辦了一個「圓與缺」的電影欣賞後，讓更多非身心障礙朋友知道如何與身心障礙朋友相處，協助他們之生活起居。

三、促銷特賣

大部分的廣告無法造成立即銷售，因爲廣告作用大部分仍在心理層面，而不是行爲層面。首先能對行爲產生作用，便是促銷特賣（Sales Promotion, SP）。當顧客一聽到打折、買一送一、有贈品或抽獎等訊息時，他們便產生心跳、興奮的感覺，也使他們迅速採取行動，但以下這些字句也指出幾個事實：

(1)SP不是可以長期使用的方式。

(2)SP活動可針對中間商及最終顧客，使其購買產品。

(3)SP活動會動用各種媒體及非媒體活動。

目前銷售促進使用頻率比廣告更多的原因，是變化多樣的SP可以使消費者感到新奇，而且競爭者力量日益變大，及產品面臨PLC（產品生命週期）快速成熟化。銷售量因SP活動而迅速增加，這也是廠商好用此方式的重大因素。

1. 促銷之種類

SP活動又可分爲二種，即零售SP及中間商SP[1]：

(1)零售商SP

---

[1] 改編自《行銷管理亞洲實例》。

①樣本

樣本是免費提供的產品或服務。樣品可能是直接送到家中、放在郵件中、放在商店中、隨另一產品附贈、或附贈在廣告中。樣品贈送是推出新產品時，成本最高但也是最有效的方法。公司用此方法時，要記得文化上的差異。如美國香菸公司在過年期間，於香港推出新品牌香菸，黑盒上有燙金字，以樣品附折價券送出。結果悽慘無比，除了銷路不好外，人們還拿樣品到商店換原來的品牌，公司這才發現，黑色在東方是不吉利與不幸的顏色，尤其過年期間人們心情快樂，也祈求新的一年好運到來，故收到此物特別敏感。

②折價券

折價券是對持有者在購買特定商品時，可省錢的一種保證。折價券可郵寄、附在產品上、夾在雜誌或報紙廣告中。抵換率則隨配銷方法而有異，報紙折價券抵換率約2%、直接郵寄配送約8%、隨包附贈約17%。折價券在促銷成熟品牌的銷售及新品牌的早期試用很有效。專家認爲有效的折價券，要提供15～20%的折價。在亞洲某些國家，如日本，折價券很難流行，因報紙不接受刊登，消費者無使用習慣，且無抵換機構。

③現金還本或回扣

現金還本是在購買後，而非在零售店中，提供價格的減免。消費者需寄出特定的購買證明給製造商，由其退還部分的購買金額。

④贈品

贈品或禮物是廠商提供一種相對低價或免費的商品，以作爲購買某產品時的誘因。隨包贈品是附在產品內或外的贈品。有時，包裝本身是可再使用的容器，也可視爲贈品。

⑤贈獎（比賽、抽獎與遊戲）

購買商品後，有機會得到現金、機票或其他東西，即是贈獎。比賽是消費者需報名參加，如提供使用方法、估算、建議等，由評審選出最佳者即可得獎。抽獎是消費者需寄出抽獎明信片或其他抽獎券，以參加抽獎。遊戲是每次購買時，可刮刮看或對號碼等，以確定是否可得獎。遊戲較折價券或一些小贈獎引人注意，例如：夏威夷之旅可能產生更多的興趣。

⑥惠顧酬賓

惠顧酬賓是針對顧客向某販售者購物的總值達到某一數額，則給予現金或其他形式的價值券。如航空公司累積里程數、日本王將餃子店在京都的加盟店，以「幫忙洗碗就可以免費用餐」來嘉惠賓客。

⑦免費試用

免費試用是邀請潛在購買者免費試用產品，以鼓勵其購買該產品。超市內的試吃、試用；車商的試車；書商的試閱等皆屬之。最具知名的是Apple電腦讓消費者帶回家度週末之舉動，帶來高業績。

⑧產品保證

產品保證也是重要的促銷工具，特別是當消費者對品質很敏感時。公司可提供顧客較其競爭者時間爲長的保證，在提供前，公司應考慮一些問題：產品品質是否已夠好？品質可否再改善？競爭者是否提供相同的保證？保證期要多長？是否應涵蓋更換、維修與退費？要花多少經費來廣告此保證，以使潛在消費者知道？很明顯的，公司應仔細估算計畫中的保證，其潛在成本與所產生的銷售價值是否划算。

⑨搭賣促銷

搭賣促銷涉及兩個以上的品牌或公司，共同推出折價券、還本或比賽，以增加售貨率。公司匯集資金以取得更大的展露度，各種銷售人員將此促銷活動推銷給零售商，以爭取額外的展示與廣告空間。例如：全家便利商店以回收廢電池來換茶葉蛋或折價。

⑩互相促銷

此方式爲一品牌與另一非競爭品牌一起廣告，如7-Eleven與多項產品一起配合；可樂果蠶豆酥和不同在地口味一起做促銷。

⑪購買點展示與陳列

購買點展示與陳列是出現在購買點或銷售點，但是，許多零售商不喜歡處理從製造商取得的各種展示、標示或海報。製造商只有挖空心思創造更好的購買點事物，並結合電視廣告，或印刷訊息，或自行搭製。

(2)中間商的SP

①價格層面

A.價格折扣：給予中間商價格上的優惠，使得中間商可以獲得更好的利潤。

B.累積數量回扣：如果中間商叫貨之數量，達到一定數額，便給予一些回扣、折扣。

C.責任額獎金：如果中間商達到其銷售額度，便給予責任額獎金。

D.推銷獎金：有些新產品不易推銷，則給予推銷獎金。

E.搭售與搭贈：有些產品做一些搭贈活動，可以增添產品之銷售。

②財務支援

A.存貨融資：

a.上架費：為了協助零售商，皆給予中間商一部分的上架費用。

b.廣告折讓：為了讓中間商做更多行銷活動，而給予的廣告折讓。

c.展示折讓：若中間商提供商品展示，便給予折讓。

③營業支援

A.店頭展示用品：提供給店家特別的布置，或是因節日而變化的活動，以及展示會的布置，或是所需的DM、海報。

B.免費廣告物：提供給店家所需的廣告物、DM製作，讓中間商可以給予消費者。

C.諮詢與教育訓練：對於新產品或任何產品知識，都可以給予支援。

D.免費樣品：提供小量的樣品給予中間商，以提供予顧客，讓消費者可以先使用產品。

④其他活動

A.經銷商大會：讓經銷商與企業主有機會可以溝通彼此意見，且有互動機會。

B.商品展：協助廠商做展覽，讓更多消費者知道有關中間商訊息及商品資訊。

C.年終忘年會：參加中間商的忘年會，可以增進彼此感情，更為下一年的合作加溫，甚至跨年參加活動。

D.參加國外展覽：如果有表現良好的零售商，可以鼓勵這些中間商參加國外展覽，讓中間商更了解產品及國外總公司、總廠。

2. 促銷工具的選擇

在確定目標時，便要選擇促銷工具，因爲有許多工具可以挑選。同時要考慮時間、誘因的大小、參與的條件、訊息的傳播、預算之編列等重要因素。而最重要的是讓消費者認爲，每一次促進銷售都有創意，且具有廠商誠意，但更要有成本概念。

3. 促銷方案的內涵

(1)誘因的大小

誘因越大，消費者激勵越多。樂透之所以受歡迎，正是因爲誘因很大，而讓每個人充滿希望及夢想。所以當舒跑首先推出送轎車的促銷後，便掀起促銷風潮，小則一克拉鑽石、黃金百兩，大則轎車、洋房。但是企業主在成本及誘因條件中，必須做一個好的權衡。

(2)參加條件

參加條件越容易，對消費者、經銷商吸引力越大。而可以當場抽獎的條件，比要寄回公司抽獎的較佳；直接折扣、給予贈品，又比抽獎來得佳。

(3)訊息的傳遞

如果把SP活動傳遞得快且廣，較易被接受。而若有任何抽獎活動，一定要有公開儀式，以及律師、會計師的見證。因此，每一個銷售活動從何時開始、如何傳達訊息，到最後活動的任何結果，都要傳至消費者耳中。

(4)促銷的時間

如果活動時間太短，大家沒有時間參加，而又花費很長的時間準備，則不符合經濟效益。若活動舉辦時間過長，則會造成彈性疲乏，無法讓消費者、中間商產生立即購買的衝動。所以何爲合宜的促銷時間，則以產品類別而定。高價位產品以長時間爲佳，低價位或所謂「限時搶購」，當然以短期間爲主。

(5)預算之編列

費用支出包括傳播及傳遞促銷活動訊息給目標市場的所有費用，其中即包括傳播促銷訊息的媒體費用。此外，也需估算提供優惠或激勵的費用。特定促銷活動的成本，包括管理成本（印刷、郵費、推廣費用）以及誘因成本（贈品或折扣成本，包括兌換成本等）乘以該促銷活動的預期銷售單位。

另一種較常用的方式是如廣告般，以某一百分比作爲促銷經費。

4. 促銷成果的評估

(1)銷售資料：可以檢視促銷活動進行之前、中、後的銷售資料，如在促銷前的銷售資料8%，促銷期間跳至12%，促銷後7%，此促銷活動後很明顯先降在7%，而穩定在9%，可見促銷活動仍有新的顧客加入。

(2)消費者調查法：知道有多少人記得促銷活動、看法如何、多少人利用或參與，以及促銷如何影響後續的品牌選擇行爲。促銷活動也可以經由如誘因價值、活動期間、配送媒體等實驗方法來評估。

(3)實驗法：改變誘因價值、時間及條件，再衡量促銷結果。或者用電子掃描器來追蹤抵用券，看是否有更多人來購買促銷產品。

四、人員銷售

一般人往往對銷售人員有一些刻板印象，認爲銷售人員是舌粲蓮花、反應超快、見人說人話。但這些過去印象不見得正確，現今銷售人員則會因產品之不同，而扮演不同的角色。

1. 人員銷售的原則

(1)找尋潛在客戶

銷售工作的第一步，便是找尋潛在顧客，有些公司會提供前置作業，也許是給予名單、資料，但銷售人員仍需有自己的前導作業。

①利用口碑：請現在的顧客提供潛在客戶，或請親友推薦。

②建立推薦管道：包括中間商、供應商、財務中間商、公會等。

③參加潛在客戶的組織：包括青商會、獅子會、工會、學會等。

④從名單仲介單購買名錄。

⑤利用電話、E-mail做拜訪，造訪住戶、辦公室。

(2)事前準備

①Who：誰是決策者？

②Whom：何時拜訪這些客戶，及潛在顧客？

③When：何時是最佳時機？才不會打擾到對方的作息？熟客何時會用完產品？

④What：什麼是潛在顧客需要的？

⑤Why：利用何種管道才可以接近客戶？客戶購買產品之原因爲何？

(3)接近

①在與客戶見面時，如何做開場白？

②穿何種服飾較爲合宜？

③客戶最在乎的關鍵點爲何？如何解說方可達到溝通的效果？

(4)簡報與展示

簡報是種藝術，可以是套公式，但是與人的互動是生動、活潑、立即的，需要有一套演練成熟的內容，更重要的是，你對產品的了解，及你對產品之信心。更要知道客戶所在乎的爲何？先做聽眾需求分析，也不可忘記彼此的互動，多了解其想法。所以，銷售人員需要有更好的傾聽與問題解決之需求。

銷售人員可以利用高科技輔助視覺的工具，增進簡報之精彩性。但在使用工具前，先要熟知工具之性能、場地。

(5)克服異議

客戶在聆聽簡報的過程中，往往容易產生疑問，大都會來自使用新技術的恐懼、財務壓力、對產品沒有信心，及對廠商不熟悉。實際上，這些心理抗拒及壓力是相當正常的，銷售人員如何讓消費者之疑慮轉爲正面的看法？端看業務人員之功力。（也看廠商如何訓練其業務人員，去處理這種異議問題。）

(6)成交

業務人員一定要締約，才算是好的銷售人員。有許多業務人員沒有信心要求做成交動作。如果在顧客心動之際，請對方先下訂單，若有其他疑問，可以往後再解決，這便是SPA、旅遊業、美容業最常使用的方式，讓消費者在最舒服的情況下，立即下決定，便可達到成績。

(7)售後服務

不要只是完成一次交易，還要考慮到下次機會。而後續服務，便可以完成這種任務。因為交易後，還有簽約、交貨期、購貨條件及其他事宜有待處理。如果交貨時，業務人員可以一併前往，客戶可以感受其關心、真誠，並減少購後失調，擁有關係式交易；並將每一筆交易皆輸入到資料庫，讓每一個顧客資料成為下一筆交易的貢獻者。

2. 評估顧客之價值性

企業必須分析「顧客獲得成本」（Customer Acquisition Cost, CAC），是否被「顧客終身收益」（Customer Lifetime Profits ,CLP）所相抵銷，以下便是一個實例：

(1)一位業務人員每年所花費之成本　520,000
(2)一位業務人員每年所拜訪次數　500
(3)平均拜訪成本（1/2）　1,040
(4)將潛在顧客轉化為客戶的平均拜訪次數　4
(5)獲得新客戶之成本（3*4）　4,160

此4,160元顯然是低估，因其中需加入其他行銷費用，是指每一個潛在客戶成為我們的顧客。以下便估算顧客終身收益。

(1)年度顧客收入　30,000
(2)平均忠誠度年數　*3
(3)公司獲利率　0.1
(4)顧客終身收益（CLP）(1*2*3)　9,000

此處是指顧客終身收益的金錢價值，但其中不包括銷售成本（業務人員所花費的拜訪時間成本、贈品、樣本等成本），在此發現只有開發新客戶，即可有部分利潤（因CLP大於CAC），多找幾個業務人員，即可成為公司獲利利器。如果CLP小於或等於CAC，則代表獲得新客戶付出太多的代價，要想辦法減低其成本，方可產生利益。

3. 關係行銷（relationship marketing）與關聯行銷（affinity marketing）

過去市場上行銷人員只希望達成一次交易即可，因為每個人皆可以成為我們的顧客，所以只要賺上一次便足夠了。

現在行銷人員不僅想與顧客有良好的關係，在平時亦有朋友式的來往，讓消費者對我們的公司忠誠，稱之為「關係行銷」。欲擁有市場占有率，甚至與消費者一起營造一種符合客戶需求的生活型態，哈雷公司目前在此方面成為一個佼佼者，不僅販售哈雷機車，還有皮夾克、太陽眼鏡、皮夾及服飾，甚至有哈雷飯店，讓這些消費者在生活中可以完全「哈雷化」。而目前在台灣的飯店，也想在其企業中經營出可放鬆心情的氣氛，如飯店、餐廳、SPA、精油按摩、美容浴等，如果需開會、做運動也都有，這種以生活型態為目標，即是所謂的「關聯行銷」。而且使用AI做資料庫、會員制，都是高限量產品最受歡迎的方式。

4. 銷售人員的評估

(1)資料來源

可以要求行銷人員定期提出銷售報告（至少每週一次，最好每天可以書寫，但一般而言，幾乎所有的業務人員都不喜歡填寫書面資料），這些基本的日報表、週報表，可以得知他們的日常生活，而且大部分的人，喜歡找舊客戶聊天、打交道，較不願去開發新客戶，所以可在日常報表中要求每日拜訪新、舊客戶之比例。

並在每月請業務人員填寫月評估表，讓每一個銷售人員有自我反省能力，其中需包括與顧客之互動、拜訪新、舊客戶之名單、每個顧客對產品之意見及新需求，及每個顧客的業績、費用與改進方針。

由這些報告可得知：①每天拜訪新、舊客戶之次數；②每月業績情況；③每家客戶之平均業績；④每家客戶之平均成本；⑤失去的顧客名單及原因；⑥贏取新客戶的策略；⑦銷售人員的成本占總銷售額之百分比；⑧交際成本。

在精品銷售時，更會教育訓練業務員前往外國進行各種高級觀光旅遊，以便和客戶有共同話題；在健康中心的醫療人員則會有各種訓練來讓頂級客戶的健康需求獲得滿足；高級車款的銷售人員對ESG、碳排放話題更是朗朗上口。

(2)評估的方法

①與過去銷售績效的比較

過去的業績如何？一個成長中的業務人員，因歲月、經驗之累積可以讓業務技巧更加純熟，所以在業績上應是成正比，而且因時間的累積，也可能增加其人脈。但這也只是單方面的考慮。其他如經濟問題、品牌形象是否更好？品質控制如何？另產品到貨情況也會有所影響，單一比較是不公平的。

②銷售人員之間的比較

在同一時期，其他環境也相同的情況下，銷售人員之比較應是可行方法之一，但經驗、能力、銷售技能及經濟，也是相當重要的因素，所以企業總希望藉著資深業務人員帶領新業務人員，將其畢生之功力傳授之，但若資深的銷售人員之基本動作都不佳的話，又如何教導出優良的子弟兵？因此，教育訓練也是另一種刺激成長之機會。

(3)顧客滿意度評估

銷售成績是一種評估方式，但不見得讓顧客滿意。所以，另一種方式則是顧客滿意度評估。這種情況如不改進，可能會損及廠商的整體形象和長期利益。因此，已有越來越多的廠商日益重視顧客對銷售人員的意見，因這種滿意度評估再加上銷售成績，才有辦法評估銷售人員的眞正績效。

(4)定性的評估

以上都是以業務人員外在的銷售及顧客滿意度來評估，實際上，亦可以銷售人員對公司的向心力、對產品的了解、對顧客與競爭者的態度、銷售地點的擺設、對公司之順服度及個人代表加以評估，讓每一個消費者有來自內外皆優的業務人員服務。

不論使用何種方式，需先與銷售人員做充分溝通，公司的評估項目有哪些？且每項評估項目都要具有激勵的作用。

五、新興行銷

1. 口碑行銷（the anatomy of buzz）

Emanuel Rosen（2001）口碑便是對一特定產品於任何特定時間，在人們之間所流傳的所有評論。口碑對一個品牌而言，是一種口耳相傳，它聚集了所有人與人之間即時傳達有關一項特定產品、服務或公司的評論，値得探討的是，網路在口碑行銷中所扮演的角色，口碑行銷爲何重要？

(1)因爲你的顧客不曾聽過公司品牌

因爲公司的知名度不夠，而且現在的資訊超載，所以當他們認同廠商時，便會自動傳播給不認識廠商的消費者。

(2)顧客是多疑

他們沒有使用過產品，所以對產品會有許多疑問，唯有靠著其他人的口碑及見證（而且是以朋友印證後，方爲有效可言），年齡在這裡也扮演著重要的角色，年輕人越來越依賴朋友，因他們不相信其他人。

(3)顧客是互相連結

以往顧客是彼此閒聊，但現在朋友有更多的時間將資訊分享及彼此討論。顧客彼此間的連結，更叫人驚訝於可以有如此緊密地結合，引起話題是最要緊的。也因以上的因素，口碑便成爲產品複雜性高、公司知名度低，但產品品質佳的公司所使用。美國學界所使用的endnote軟體便利用此方式，達到其目標銷售。而醫療界更常使用此方法，因爲沒有人敢在無人推薦下，拿自己的生命去嘗試。

笙雅生化股份有限公司更是舉辦五百大公司活動，由員工免費試用面膜，讓原來沒有知名度，卻對自己產品有信心的公司，用此方法來打開公司知名度，及藉著口碑打開競爭者四起的保養品市場。

2. 資料庫行銷

公司資料庫常需回答三個主要問題：who？where？what（什麼是他們需要）？

要知道我們的顧客在哪裡，用電腦確實儲存每一筆紀錄，直到我們不再需要而將其歸檔爲止。而且再評估每個客戶的價值，作爲未來和客戶交易的參考，或是了解客戶不再與我們交易之因素。

資料庫中心要讓我們隨時知道我們和客戶之間關係的發展情形、商品在不同銷售管道的表現、消費者購買的產品種類及哪種行銷組合最有效。

成功的資料庫奠基在下列四項要素上：

(1)目標顧客（target customer）。

(2)互動式溝通（inter coummcation）。

(3)控制（control）。

(4)持續性（contiune）。

在資料庫建置的初期，是針對目標顧客一些簡略的資料，再以互動式溝通，漸漸的把資料庫所需的資料一一塡寫，因爲沒有任何一個消費者願意塡寫過多、過長、太深入的資料（除非有禮物），所以必須彼此持續互動，方可完成資料庫內容。控制指的是行銷管理，包括設定目標、企劃和執行、做預算和評估結果。

鎖定在資料庫目標客戶，僅是現今的顧客，也可能是潛在顧客，但如果鎖定這群人所看的媒體、產品型錄、興趣、買貨地點、職業、教育程度等，就可以知道主要顧客之生活型態、習性。

這些新興的行銷手法日新月異，一個行銷人員需要對市場、企業界有敏銳的眼光、開闊的心胸，更重要的是有顆學習的心，定期閱讀報章雜誌，關心社會、世界脈動，方能讓行銷之路走得愉快。

3. 病毒行銷

許安琪（2001）因應電子郵件（E-mail）行銷蓬勃發展，網路族群追求新奇訊息特性，會將有趣的、資訊性的、勁爆的E-mail以轉寄的方式傳遞給親友們，這是目前美國行銷及現今台灣行銷界、網路界多採用的新型行銷模式，而業界稱這種快速擴散的訊息交換或蔓延的方法爲病毒式行銷（viral marketing, virus of marketing, or v-marketing）。

利用電子郵件的方式，將廣告訊息告知的病毒式行銷，不但成本低，效果更是驚人。因此，只要是「免費」，對消費者就具有「病毒傳染」的傳播效果，對企業產品就具備「廣告收益」的行銷利基。

而各個入口網站也都使用這種方式來做行銷，讓病毒行銷達到最高效益。這是目前行銷界利用耳語的方法來對抗競爭者，或者傳遞新產品、新促銷特賣的有效方式。

4. 置入行銷

所謂的「產品置入」（product placement），乃是整合行銷傳播的手法之一，係指將產品、品牌名稱及識別、包裹、商標等，置入於任何形式的娛樂商品之中，實務上常存在於電影、音樂錄影帶、廣播節目、流行歌曲、電視遊戲、運動、小說等之內容（Gupta & Lord, 1998; Karrh, 1998; Gould, Gupta & Grabner, 2000）。一種由廠商付費或給予其他獎賞、報酬，經過計畫且不經意地將有品牌的產品放入電影或電視中，透過產品置入的手法，可影響觀眾對產品訊息的態度與產品認知。

「產品置入」的歷史源遠流長，早在1920年代，企業界就已經用產品置入的手法，把產品、品牌置入好萊塢的電影中。雖然在1930年代，產品置入的手法已在好萊塢電影中經常出現，但一直到1980年代才眞正受到行銷界的重視（Galician, 2004）。

行銷界在1980年代開始重視「產品置入」，主要是這種做法對置入之產品有出乎意料的促銷效果。最著名的例子之一，即是美國Hershey公司把該公司出產的麗絲巧克力（Reese's pieces）置入名導演史帝芬．史匹柏（Steven Spielberg）拍攝的外星人電影《E.T.外星人》（E.T. the Extra-Terrestrial）中，在這部電影推出後三個月，麗絲巧克力的銷售量就暴增65%。而另外兩部相當有名的置入性行銷電影則是《上帝也瘋狂》的可口可樂，及007系列電影中BMW的豪華車系。甚至在電影播映時，觀眾會發現銀幕上一再打上爆米花及可樂廣告，這種置入性行銷也使此種產品增加30%銷售量。

5. 置入性行銷的運用手法

當「產品置入」被用在新聞報導或新聞性節目中，使新聞成爲置入性行銷的標的時，所引發的倫理爭議就更爲嚴重。置入性行銷是在閱聽大眾不知情的情況下，利用他們對新聞媒體的信任，來促銷產品、觀念和活動，因而是一種不符合閱聽大眾利益與違反新聞倫理的欺騙行爲。因此，資深媒體人林照眞指出，置入性行銷已經對新聞的公信力造成很大影響，因爲它「就像個鬼魅一樣」，可能出現在任何新聞報導中，並且舉出新聞媒體的具體操作手法如下：

①商業型置入行銷：一般而言，電視台在新聞頻道舉辦60分鐘座談，要價25萬元。大報整版座談約需60萬元，電視新聞的深度報導開價12萬元，媒體協助開記者會要價30萬元。而且目前這種置入性行銷商品也大量用於名人談話，或特別是美容、化妝、時尚的綜藝性節目。

②政府部門置入性行銷：政府廣告力量，已經成爲媒體的最大買主。新聞局92年度的採購金額，達到10億9千萬元。爲了替執政當局政策辯護，在各大媒體刊登大量廣告之外，各部會首長在新聞敏感時機，購買媒體新聞版面與時段，進行政策說明。尤其是選舉時，藍綠政營各種選舉造勢活動都會出錢購買新聞時段。而網路直播主更是政府相關協助觀光、政治議題的推動者之一。

6. 關鍵字行銷

行銷方法由原始的走路行銷演變到如今的網絡行銷，再演變到當紅的關鍵字行銷，整個過程不超過一百年。它見證了近代歷史的飛快發展，也見證了人類文明的進步。舊時的走路行銷需要耗費極大的人力成本、交通運輸成本、人力培訓成本，這些成本在出現網絡以及網絡行銷之後，便大大降低了。並不是說走路行銷的成本降低，而是網絡行銷以較低的成本優勢取代了走路行銷，從而降低了行銷的成本。

早期的網絡行銷以電子郵件和網頁廣告爲主，但是在電子郵件和網頁廣告的行銷頗像亂槍打鳥，成效有限。直至搜尋引擎（尤其是Google）出現之後，發明了關鍵字行銷，便以雷霆萬鈞之勢攻占了大部分行銷市場。傳統的電子郵件和網頁廣告行銷節節敗退，原因在於關鍵字行銷把目標群眾鎖定在對行銷內容極有興趣的族群。這使行銷的單位成本大大降低，而效益則大大增加。關鍵字行銷主要分爲三種：一是搜尋引擎提供的關鍵字廣告服務；二是關鍵字SEO（即關鍵字行銷專家）提供的自然排序優化服務（也稱關鍵字行銷）；還有就是一些雜牌網站（名不見經傳的網站）提供的所謂「關鍵字廣告服務」。這三種方法中，以搜尋引擎提供的關鍵字廣告服務占有最大的網絡行銷市場，以關鍵字行銷專家提供的關鍵字行銷優化服務具有最好的成本效益。

一般人所說的「關鍵字行銷」，大多是指關鍵字行銷專家提供的關鍵字行銷優化服務，而不是指搜尋引擎提供的關鍵字廣告，主要原因在於關鍵字廣告的成本遠高於關鍵字行銷，但是效果卻不見得更好，這主要源於網絡使用者的習慣正在改變。早期的使用者不太能分辨搜尋結果左側和右側的意義，因此對出現在右側的關鍵字廣告也來者不拒。但是隨著網友對搜尋引擎的深入了解，他們對搜尋結果中的左側內容越來越重視，對右側內容越來越忽略，就成爲一種必然的趨勢，這是對網站重要性的一種具體認同。

不過，這並不代表關鍵字廣告已進入發展末期。人是感性的動物，會對眼睛所看見的一切事物產生反應，端看廣告商如何去下標題，去使用畫面。換言之，位於搜尋結果右側的關鍵字廣告，仍然會對網絡使用者產生有效的吸引。但是，對於廠商而言，把部分廣告預算投資在關鍵字行銷上，肯定是明智的。但因爲關鍵字互相連結到你廠商的網站或是部落格，也需設計及用心撰寫，否則空有瀏覽量，卻造成不了購買欲望也是枉然。

7. 社群時代的網絡行銷

因爲目前人手至少擁有一機，每個人手機裡都會安裝一個以上的社群軟體，也因此造就了一個在社群平台中的現象，即誰能搶占網路流量，誰就是王道；誰能夠抓取更多觀眾的眼球，就更有機會透過社群經營獲取商機。例如：在奧運時，社群中誰能夠登上廣告，誰就是贏家。

其實從兩個現象，我們就能觀察到社群經營在行銷中已占有絕對的重要地位，即(1)原本就非常知名的各大國際品牌，也都在經營社群媒體官方帳號，用各種方式，不斷與粉絲互動；(2)現在有許多新創的品牌商家，一開始或許並沒有建立官方網站，但至少都會在Facebook粉絲專頁，或是Instagram商業帳號中擇一來經營品牌的社群，或者兩者皆有，而甚至公家單位也都在經營帳號。

雖然Facebook與Instagram至今仍占據社群平台的龍頭，但近年來卻因爲演算法、言論審查、個資等問題，導致網路上極可能掀起一波遷徙潮，有不少人紛紛退出FB，而IG也因爲越來越多長輩加入而高齡化，用戶們開始試著尋找新的社群媒體棲息地。三～五年後又是誰家的天地，沒有人可以預料到，因爲人都是喜新厭舊的，在社群媒體也表露無遺。

問題討論

1. 在眾多的促銷組合中，你認爲哪一種最吸引消費者？是廣告？促銷活動？還是公關活動？
2. 假設一所大學想發展一套促銷組合來吸引學生前往就讀，你會如何設計與安排？
3. 什麼樣的產品最合適推銷人員來銷售？你所依據的理論爲何？
4. 在美國流行的折價券，台灣也正在流行，請問這種折價券的優缺點爲何？
5. 目前的公關報導常因媒體報導不公，而造成有所偏頗，更使得消費者對媒體也產生疑慮，身爲一個行銷人員如何面對這種問題？
6. 你認爲對兒童做廣告是否有任何不公平之處？你會如此做嗎？爲何要？爲何不要？
7. 產品代言人的產生是希望對產品產生正面印象，行銷人員如何處理代言人所帶來之不良情況？

教室討論題

變化無窮的促銷活動中，行銷人員如何想出吸引人的促銷活動？請爲以下產品想出一些促銷的點子：

1. 連鎖pizza店。
2. 養生中草藥精油。
3. 小包裝食米。
4. 喉糖。
5. 墾丁音樂季。

企劃預算與控制策略

行銷企劃案之步驟

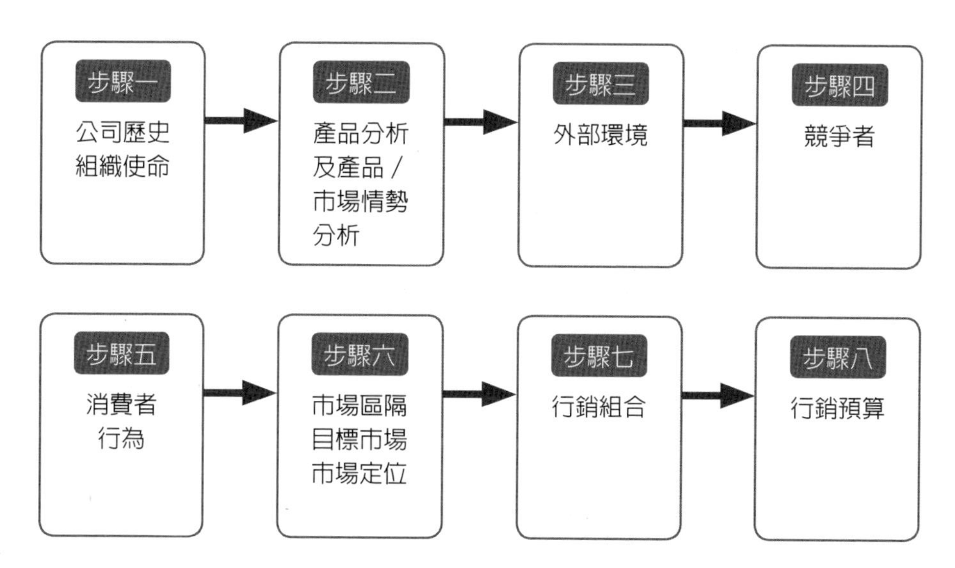

有了好的行銷企劃案之餘，還需要有良好之控制才能成功，這是缺一不可的動作，也是優秀的行銷人員一定要具備的動作。

概念篇

第一節　編列預算

根據經驗，無論持用哪種方法來編列預算，永遠都嫌不夠，而行銷人員總是要學習在有限的資源下，做出最大貢獻的預算方式。在所要達成的目標和實際所能舉辦的活動中，求得平衡及編列行銷預算。

1. 銷售百分比法

   如前章廣告百分比方法。

2. 工作目標法

   所謂工作目標法，是把所有的行銷工具所需的費用再一一的思考，這些活動費用是否有能力負擔？獲利性如何？是否符合行銷目標？

3. 競爭導向法

   如前章所述，預估競爭的銷售與行銷預算，及公司的預算比較，免於公司競爭力降低。

第二節　確定企劃預算

編列預算時，必須先寫清楚基本說明，再列出預算所要達成的目標。

一、投資效益分析摘要

投資效益分析可讓行銷人員知道，評估行銷計畫或計畫中的特定方案，所產生的效益是否超出所支出的費用（Hiebing & Cooper, 1992）。進行評估中，必須檢討短、中、長期銷售及其相關費用，當然也以第一年為主，再考慮第二年、第三年等。

如果投入的行銷預算不適當，則需要重新思考及調整目標。每一次調整後，都必須再進行另一次的分析及評估。

二、如何進行投資效益分析

有固定費用貢獻法及毛利對銷貨淨額法兩種方法：

1. 固定費用貢獻法

(1)銷售額收益。

(2)把產品銷售給消費者的所有直接行銷費用

計算對固定費用的貢獻或間接費用投資效益分析結果時，首先估計銷貨毛額，然後減去銷貨成本，求出銷貨毛利。其次自銷貨毛利中，減去直接和銷售產品有關的所有推銷費用。此法可用來分析個別行銷計畫方案，也可以用來分析整個年度的計畫。

採用固定費用貢獻法的理由，是因為此法可精確地顯示行銷活動執行的結果。整個分析中，只用到直接和行銷活動有關的收入與費用，因此行銷人員可根據自己的優點，及是否有助於分攤公司的固定費用等觀點，來判斷各行銷計畫方案的優劣。短期目標是在確信行銷計畫方案能創造足夠的銷售，適切地分攤創造銷售所需的直接行銷費用。長期目標則是在研擬足以分攤直接行銷費用及固定間接費用，並且又能為公司創造利潤的計畫方案。

其中把回函率估計分為低、中、高三個部分，可以依照消費者回函情況，而有些分界。如果回函率太低，則會造成貢獻是負的數字，也就是要提高回函率，但如何提高回函率，亦是另一個議題。採用貢獻法時，必須核對財務報表，確定分攤所有銷貨收入，或請財務部門提供公司的詳細資料，了解多少收入才分攤固定費用，進而創造利潤。

2. 毛利對銷貨淨額法

毛利被定義為分攤廣告費、促銷費用，進而創造利潤來源，或是被視為銷售淨額或廣告、促銷及利潤。例如：毛利是50%，也就是利潤占總銷售率之50%，此會用來分攤行銷所有費用。有的公司便將所有的行銷費用及其他設備成本皆算在毛利上，而行銷人員要協助財務部門精確的算出毛利數額，方可用此種方法得到淨額。

第三節　行銷計畫控制

在推行一項計畫時，所有事情都可能出錯，所以所有的行銷計畫執行後，需加以控制。可以從過去的錯誤中學習，亦可在評估中預防失敗。也許是執行欠佳而功敗垂成，所以必須找出失敗的原因，且加以改善。以下兩種重要的行銷程序，絕不容忽視。

1. 對目前的成果進行評估，並採取改善措施。
2. 對行銷效益進行稽核，並更仔細的發展計畫，使用前情況不佳的因素得以改變。

一、評估目前成果

企業不只應設立年度的績效目標，也必須為每季或每月等較短期間設立績效目標。通常企業都會採用成果的資訊，並檢視與設立目標的差距。如果超過目標，常常大肆慶祝；如果低於目標，這些負面消息則會讓股票持有者趕緊拋售手中股票。

但是要特別注意不只是營業目標，而忽略了其他的項目，其中利用三個項目來做檢項：財務計分卡、行銷計分卡、相關人員計分卡。

1. 行銷計分卡

(1)市場占有率

如果市場率增加，但市場占有率卻下降，這就意謂著市場的餅變大，但沒有增加太多消費者加入公司的購買行列。當然，衡量市場占有率的方式不太相同，最合適的方式，則以該公司的銷售數字除以整個目標數字所得出的百分比。

(2)顧客保留率

一個顧客流失，便代表失去許多生意，而不是只有一筆生意，因意謂著失去他們的口碑，或者其他後續產品也從指間流失。但流失的原因各有不同，假如有不獲利的客戶，不保留也許是個佳音，但沒有比失去長期顧客更糟糕的事。獲利力若能與時間長度同時增加，則加強保留年數是相當重要的。

(3)顧客滿意度

因為不滿意，所以留不住顧客；但也不代表在問卷填下滿意的消費者便會留下。所以睿智的公司不僅會把客戶滿意視為目標，而且會讓顧客感到愉悅。也就是說，企業必須超出顧客的期望，而不僅僅是符合顧客的期望而已。

(4)相對的產品品質

如果競爭對手的品質較佳，將會較受歡迎。而且在消費者心中，只要品質好，便可以給予更多的金錢支付。例如：買個Cartier皮包，便可以支付多一點錢。但在買路邊攤時，連一個290元的皮包也可能要討價還價。

(5)相對的服務品質

除了產品之外，服務品質也相當重要，也許企業有相當好的產品，但若服務品質太差，也會影響行銷整體之效益。尤其現在的人相當在乎品質控制，譬如：消費者購買某著名雷射印表機後，發現有問題時，需要親自送往公司，結果不但有一段長時間的等待，而且送來的卻是相同的機型，令人頗爲生氣。

(6)其他項目

管理階層也可以在行銷計分卡中，依照各公司不同的指標，例如：業務拜訪次數、成交次數等，進行評估，不可以只重視財務報表，而忽略行銷上眞正的項目。

2. 財務計分卡

許多最高階級的管理人員會將注意力集中在損益表上，因爲外部環境的財務分析師會對他們的收益表現提出評論。當負面消息發布時，會讓投資人放棄他們手中之持股。如果實際收益超過預期的數字，企業將可吸引更多資金，亦可獲得較低成本來擴大公司規模。

從某公司的損益表中，可看出其業績相當良好，五年內連續成長，幾乎成長至第一年的二倍以上。業務成長固然可喜，但研發卻無法成長，代表他們可能會用盡公司的研究心血，這要小心應付。而行政費用沒有增長，代表兩個意義，一是人才相當有效率，另也代表行政設備沒有任何大增或更新，這也是值得注意的。

3. 相關人員計分卡

一個優良的行銷計畫，除了好的行銷技巧、財務控制，也要注意執行人員的能力，及落實執行的情況。其中的相關人員，包括員工、供應商、經銷商、代理商與大眾，如果只想給予股東優良之報表，卻忽視員工之福利，很容易因小失大。因現今已是誰擁有優秀人才，誰便擁抱財富的情勢了，所以又有誰能忽略這項長期的資源呢？

企業夥伴的關係也相當重要，當微風百貨成立之時，SOGO百貨便不想讓他們的廠商前往設櫃，因爲他們想擁有許多優勢，但也因許多特別的代理商、供應商加入此兩個購貨中心，而形成其特色。想買Lush的香皀，一定要找這兩個購貨中心。所以有忠誠且盡力的廠商，實可爲企業行銷大大加分。

二、透過行銷評估改善行銷效益

檢視、評估並改善行銷功能的最佳方式，即是執行行銷稽核（marketing audit）。過去，行銷稽核包含一組各式各樣的問題，以便描寫出企業行銷活動組織與執行之方式及效果，包含行銷功能之承諾、行銷之外部環境、行銷規劃方法、行銷對整個公司之貢獻。

1. 行銷稽核程序[1]

(1)分派任務

在小公司可能是用一個人來推動稽核，而在大公司中則需要一個小組來推動，但不管是一人或一組人，都應有下列條件：

①要可以客觀的判斷績效，不可以過於主觀。

②要有相關的知識。

③最好曾經歷過行銷工作。

④對公司外、內部環境有相當的了解。

在大公司中，通常會有來自直屬主管、幕僚、執行部門人

[1] 黃志文著，《行銷管理》（*1993*），*pp. 552～554*，華泰出版社。

員，來補足外來顧問對於公司不熟悉的缺點；但在小型公司，則只要有一位有經驗的顧問即可完成該項工作。

2. 制定稽核計畫

稽核小組需完成一份行動計畫，在計畫中要說明之項目爲：研究主題的內容、小組每個成員之責任、時間表、工作中所需之資源、稽核之進行程度。

進行公司稽核時，也需一系列的內外環境資料，如：公司（至少）之前三年的財務資料、產品之規格、總體環境計畫、競爭者調查、消費者調查、中間商調查、公司內部人員態度、氣氛調查。

3. 分析資料

分析資料是整個評估之重心，也是最困難的部分，一般稽核者可以依照下列四個問題，作爲分析資料之標準：

(1)此稽核行動是否受高階主管之首肯？

(2)行銷功能是否有適當的組織來執行？內部是否協調？內部人員是否具有專業知識？

(3)在制定評估、稽核時，是否有合宜之流程？

(4)在做評估時，是否考慮組織內外環境之問題？

想做稽核不難，如何做？是否眞的被高階主管授權去做？公司同仁之認同感如何？其中要素眞是缺一不可，方可完成這有意義卻不易的工作。

4. 建議行動

稽核團隊（或顧問）在完成稽核之後，需要提出對行銷功能的建議，例如：開發新市場、產品之修正、行銷策略之修正等。

問題討論

1. 請問你到過的所有百貨公司中，哪家的銷售人員態度最好？能讓你對公司形象加分的有哪些？
2. 請問你所使用過的產品中，哪家的售後服務或滿意程度最高？能讓你對公司形象加分的有哪些？
3. 購買哪幾項產品你會在乎公司的財務狀況？哪些產品你不會在乎公司的財務狀況？

教室討論題

以汽車業而言，你認爲什麼是顧客保留率最重要的因素？什麼又是顧客最在乎的滿意度？

中華彩虹天堂協會公關企劃案

歡迎進入彩虹天堂

「中華彩虹天堂協會」是一個專為新世代打造的夢想平台，藉由公民責任（citizenship）、文化參與（culture）、創意發展（creativity）、品格教育（character）、志工服務（charity）等五大領域，連結校園、職場、社區、全球，打造具有「國際公民責任、文化素養、創意、品格、關懷」特質的台灣新世代，並塑造新世代健康、完備的品格，培養卓越的領袖特質，成為全方位頂尖國際公民。

2010年目前有超過4萬名彩虹天堂會員，進入逾200個校園及100個企業職場，舉辦超過300場公益演唱會及演講，約8,000位學生接受過彩虹天堂之生命教育課程。彩虹天堂志工服務總時數已超過32,000小時，迄今接觸關懷超過42萬位年輕人。彩虹天堂的觸角從大台北地區延伸至桃園、台中、台南、高雄、屏東等縣市。

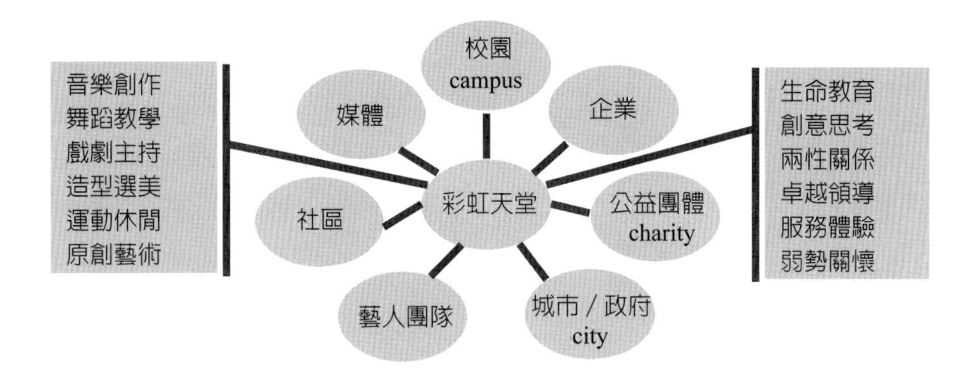

彩虹天堂強大平台

「彩虹天堂」的觸角從校園延伸至社區、企業、政府、公益團體、藝人以及媒體等範疇。

探視彩虹天堂的奧祕

彩虹天堂掌握流行文化的豐富元素，協助個人突破現有問題的框架，藉由富有創意的學習方式，走出僵化的思想和模式，讓人不斷認識自我、挑戰自我，塑造新世代DNA——「N.E.W.L.I.F.E.」的核心價值：

彩虹天堂核心價值

New ceneration	活出新世代命定
Excellent attitudes	操練卓越的態度
Wisdom from above	擁有高度的智慧
Leadership through serving	成爲僕人的領袖
Impacting the world	發揮強大影響力
Friendship of sharing	建立無私的友誼
Extraordinary lifestyle	非凡超眾的生活

年度公益合輯

自2007年開始，依每年社會最重要的議題，結合幕前幕後藝人及專業人士、比賽表現傑出學生共同發行流行音樂的公益合輯，並帶出實際公益行動，開創華人流行音樂世界之先鋒。已發行專輯有2007「遇見」、2008「希望」、2009「信心地圖」（2009全台銷售第三、全亞洲第八名）、2010「起初」EP。而今年即將發行起初合輯，更結合了100位藝人大合唱，並由周杰倫作曲、洪敬堯編曲。

新創藝大賽

這是專門訓練以及發掘年輕人創意與才華的公益平台，已經有超過26項比賽、2萬人參與大賽。

新創藝學校

包括多元創意專業領域，例如：音樂、戲劇、舞蹈、造型等課程，擁有來自各界專業翹楚的教學師資團隊，更網羅星光熠熠的新藝人家族成員。自2008年7月起，已成功舉辦三屆，培訓2,500位以上年輕人。

彩虹天堂5C演唱會

這是讓歌手和表演者眞心付出、全力關懷的公益演唱會平台，每個月主題演唱會有2,000人以上的年輕人參與，透過優質藝人和多元創意的表演團體，用創意的語言讓年輕人開創正向、健康、積極的新時尚流行！

彩虹天堂 The Live House

用流行音樂說故事的現場體驗表演空間，歌手能夠眞實分享自己歌聲與生命故事之乾淨、溫馨的「PUB」。自2008年10月底開幕，至目前爲止共舉辦55場，超過25,000人次參加。

品格塑造（character）

運用最具創意、最具時代性需要的品格教育、生命教育教材，包括已出版之創意新生命教育課程（N.E.W.L.I.F.E.）、台灣新世代（The New Taiwanese），以及即將出版之卓越領袖訓練課程、企業社會責任課程、創意戒菸課程；加上最具臨場效果及關懷負擔的師資團隊，已幫助超過8,000位學生。

志工關懷（charity）

成立City Care志工服務平台，共有40個校園關懷中心服務、校園志工訓練課程、校園志工實務行動、職場一日志工平台、志工親善大使選拔、搶救地球志工服務，與50個非營利社會機構連結爲合作夥伴。自2009年起，志工參與服務人數逾2,000人，關懷對象包括：兒童、青少年、老人等，總參與服務時數高達32,000小時，服務對象共9,250人。曾於2009年參與88風災救災關懷行動及2010年海地醫療救援行動。

公民責任（citizenship）

2010年發動「尋找消失中的台灣」系列活動，包括：EARTH HOUR關燈一小時、329青年站出來活動、世界地球日萬人種樹、弱勢兒童關懷、眞愛立刻行動等。

文化參與（culture）

舉辦創意文化節、跨國文化、工作體驗服務、全球及本地創意文化活動、關懷本地弱勢族群等。

彩虹天堂網站：www.rainbow-heaven.org.tw
彩虹天堂信箱：rainbowheaven@rainbowheaven.org.tw
彩虹天堂地址：台北市仁愛路四段101號B1
彩虹天堂專線：02-8771-5555

I ♥ RAINBOWHEAVEN彩虹天堂會員申請表

姓名：____ 性別：____ 介紹人：____（會員編號：____）

生日：西元____年____月____日 聯絡電話：____ E-MAIL：____

學校／工作：____ 科系／職稱：____ 就讀年級：____

興趣／專長：☐音樂 ☐舞蹈 ☐戲劇 ☐網路 ☐時尚 ☐運動

☐閱讀 ☐電玩 ☐旅遊 ☐電影

媒體通知書

見證　萬人植樹　共創　世界紀錄　活動

（4/24新竹市　香山　青青草原）

台北記者會　邀請蒞臨

時間：99/4/21（三）AM10：00

地點：中華彩虹天堂協會（台北市仁愛路4段101號B1）

主持人：吳建恆、王婉霏

讓世界聽到我們的聲音、看到我們的行動

由新竹市政府、新竹市議會、台北市喜馬拉雅自然文明保護協會、中華彩虹天堂協會主辦之「2010締造金氏紀錄台灣萬人植樹活動」，4/24（星期六）於新竹市香山區青青草原舉行。預計將有10,000人以上之民眾，共同見證締造金氏世界紀錄。

環保議題是目前全世界最關注的問題，台灣也要不落人後展現實際行動！讓我們在同一時間，親手種下屬於自己的一棵樹，向世界宣告台灣人愛地球的決心。

爲了4/24新竹香山萬人植樹活動，我們希望藉由記者會的召開，讓愛地球的行動可以落實在我們的土地，以新竹市作爲出發點，未來讓其他縣市跟著響應，受邀參加貴賓將有產官學界代表。

本次活動也對地方種植一個新的森林公園，提供市民一個新休閒方式的場所，並讓新竹科學園區廠商認同地方政府的努力，提供共同參與的機會。

記者會中，將發表由劉畊宏等多位歌手創作之最新環保音樂公益專輯EP、環保創意短劇演出，並邀請各界貴賓等共同宣誓。在記者會中，我們亦將以特別的方式慶祝世界地球日40週年紀念！

誠摯邀請各界貴賓、單位主管及同仁蒞臨。

聯絡專線（02）8771-5555

聯絡人：吳彬慈、吳美琪

網址：www.rainbowheaven.org.tw

E-mail：rainbowheaven@rainbowheaven.org.tw

「424見證萬人種樹、共創世界紀錄」記者會

馬英九電賀　王金平蒞臨　企業高層共襄盛舉　數十位藝人齊響應

中華彩虹天堂協會與喜馬拉雅自然文明保護協會21日舉辦記者會，說明「424見證萬人種樹、共創世界紀錄」活動，邀請各界代表一起用創意方式紀念2010年世界地球日發起40週年，並發表地球日40週年紀念EP。總統馬英九與副總統蕭萬長皆致賀電表達對此活

動的支持，立法院長王金平、新竹市長許明財也蒞臨記者會現場致詞。多位企業人士代表，如中國信託執行長高人傑、台灣房屋總經理彭培業、中華航空公司新聞處長陳鵬宇等皆到場共襄盛舉。劉畊宏、李晶玉、宋逸民夫婦等數十位藝人也熱情響應，記者會現場政商雲集、星光熠熠，可見環保議題已成爲當代最受矚目的焦點。

記者會由中廣DJ吳建恆以及彩虹天堂公益大使王婉霏主持。活動開場即邀請立法院長王金平上台致詞，院長表示，這項活動是對全世界宣示台灣重視環保以及節能減碳的工作，台灣每人平均碳排放量高居亞洲第一，更有責任要投入種樹行動一起拯救地球，期許2050年台灣可將碳的排放量減至2000年的一半。

主辦單位並邀請王院長及多位貴賓，包括喜馬拉雅自然文明保護協會理事長楊文德、中華彩虹天堂協會理事長顧其芸、企業界代表納智捷總經理胡開昌、中國信託執行長高人傑、台灣房屋首席總經理彭培業、新光國際開發總經理江俊億、瑞典好匯集團創辦人王保善、大同公司公關經理何明芳、演藝界代表傅達仁、劉畊宏、李晶玉各拿一塊拼圖，拼成一個美麗的藍色地球，表達對地球的熱愛與立約。眾人並同聲開口爲地球唱生日快樂歌，慶祝世界地球日40週年。新竹市長許明財也特地從新竹趕赴現場，以在地人的身分歡迎大家到新竹，除了種樹以外，也可順便參觀新竹其他知名景點。

同時爲慶祝世界地球日40週年，藝人劉畊宏也在記者會上發表「尋找消失中的台灣」系列環保公益專輯——「起初」EP之歌曲〈地球在哭泣〉。這是繼2009年「信心地圖」專輯之後，中華彩虹天堂協會特別趕在世界地球日40週年前夕推出紀念版EP「起初」的三首環保歌曲，送給參與424種樹活動的民眾朋友每人一片。記者會在藝人合唱〈希望的種子〉歌聲中圓滿落幕，參與的藝人還包括魏如萱、季欣霈、羅文裕、陳威全、何戎、阿BEN、牛奶、肇群等。

立法院長王金平：
種樹可以提升我們的生活水準。

納智捷總經理胡開昌：
從前是保密防碟，人人有責，
後來是交通安全，人人有責，
現在是環境保護，人人有責。

瑞典好匯集團創辦人王保善：
劉畊宏有一首歌叫做〈地球在哭泣〉，若是我們再不重視環境，小心「地球在生氣」！

喜馬拉雅楊文德博士：
過去台灣創造經濟奇蹟，
現在我們一起創造綠色奇蹟！

「424萬人種樹、共創世界紀錄」活動將於4/24（星期六）於新竹市香山區青青草原舉行。預計將有超過100位藝人及10,000名以上民眾參與，共同見證締造金氏世界紀錄。植樹造林是成本最低且是調節氣候最有效的方法。一棵樹平均每年能減少6～12公斤的排碳量，期望透過這次活動，讓綠化行動深植人心，成爲長期的行動原動力。

（感謝彩虹天堂題材範本。）

美語補習班問卷企劃案

一、前言

邁入二十一世紀的今日，社會變遷如此快速，而人民的生活素質也大大提升，國際化的蔓延及地球村的形成，在在顯示美語的重要性。而在升學制度如此競爭、潮流變遷如此快速的環境下，從小提供孩子世界通用語言（美語）的學習環境，培養具有競爭力的下一代，是現代父母親的共同期望。因此，許多兒童美語業者因而蓬勃發展！

一個好的商品，必然要能受到大眾的喜愛與廣泛使用，才有創造這項商品的意義。爲了知道大眾朋友們的愛好喜惡，獲知市場取向及消費者意見，所以市場調查是必然需要的，可了解要進行的作品是否有製作的必要性，亦可由問卷調查資料得到製作的參考意見以及必須去克服的問題。而本次研究則希望能透過因應兒童美語所設計的題目問卷，進一步了解兒童美語與消費者之間的利害關係及需求取捨，並期望能藉此調查找出雙方互利的平衡點，而此學術研究將提供兒童美語業者未來的營業方針而邁向進步，並期能造福消費者！

附件：問卷

您好：

我們是中國文化大學企業管理系的學生，目前正進行國內知名兒童美語補習班的消費者行爲研究。

您的熱心參與將對本研究有重要貢獻，使得對兒童美語補習班的消費者行爲有更進一步的了解。且所有資料僅作爲學術上統計分析之用，請您放心填寫。謝謝您的幫忙！

最後，衷心感謝您的參與；謹祝您

身體健康！

中國文化大學企業管理學系

受訪者＿＿＿ E-mail＿＿＿

採訪者＿＿＿ Code：＿＿＿

第一部分：

1. 請問您的子女是否在一年內學習過兒童美語 □是 □否
   如果（是）請回答第2題，（否）請停止作答。
2. 請問您本身（親友）是否從事過兒童美語的相關行爲（老師、行政人員等） □是 □否
   如果（否）請回答第二部分，（是）請停止作答。謝謝！

第二部分：

1. 請問您印象中有哪幾間兒童美語
   □何嘉仁 □吉的堡 □科見 □長頸鹿 □芝麻街 □地球村 □喬登 □小哈佛 □文藻 □花老師 □佳音 □其他＿＿＿（複選）
2. 請問您的子女在哪家兒童美語學習
   □何嘉仁 □吉的堡 □科見 □長頸鹿 □芝麻街 □地球村 □喬登 □小哈佛 □文藻 □花老師 □佳音 □其他＿＿＿
3. 請問您為什麼會選擇這家兒童美語
   □親友介紹 □廣告內容 □知名度 □交通方便 □價格便宜 □其他＿＿＿（複選）
4. 請問您最重視兒童美語的哪個部分
   □師資 □收費價格 □課程安排 □教材 □課後輔導 □其他＿＿＿

5. 請問您為什麼讓您的子女學習兒童美語

□時代趨勢 □增加能力 □安排課後時間 □同儕競爭

□其他______（複選）

6. 請問您認為兒童美語補習班最需要為您的子女加強哪一方面

□聽 □說 □讀 □寫

7. 請問您最希望兒童美語補習班舉辦哪種活動來加強學習

□演講比賽 □話劇表演 □國外遊學 □歌唱比賽 □其他______

8. 請問您認為您的子女應該從何時學習兒童美語

□幼稚園前 □幼稚園 □國小1～3年級 □國小4～6年級

9. 請問您認為兒童美語的班級人數應該多少較合適

□3～8 □9～14 □15～20 □20人以上

10.請問您認為每週適當的上課次數

□1次 □2次 □3次 □4次以上

11.請問您認為每次適當的上課時數

□1.5小時 □2小時 □ 2.5小時 □3小時 □3小時以上

12.請問您願意每個月花多少錢在子女的課外輔導上

□2,000元以下 □2,000～5,000元 □5,000～10,000元

□10,000以上

13.請問您是從哪些資訊管道知道這些兒童美語

□電視 □報章雜誌 □廣播 □網路 □DM（宣傳單）

□其他______（複選）

14.請問您最常使用的媒體

□電視 □廣播 □報章雜誌 □網路 □其他______

15.請問您最希望報名時得到哪種贈品

□翻譯機 □錄音帶 □教材 □課外書籍 □禮券 □其他______

第三部分：

1. 性別　□男　□女
2. 年齡　□16～25歲　□26～35歲　□36～45歲　□46～55歲　□56歲以上
3. 教育程度　□國中以下　□高中（職）　□大學（專）　□研究所以上
4. 職業
   □製造業　□服務業　□資訊業　□軍公教　□買賣業　□自由業　□金融業　□營造業　□家管　□其他
5. 全家收入總額
   □20,000元以下　□20,000～35,000元　□35,000～50,000元　□500,000～100,000元　□100,000元以上
6. 本身所會的語言
   □國語　□台語　□客家語　□英語　□日語　□其他______　（複選）

二、問卷樣本資料分析

問卷時間：99年6月

問卷人數：652人

有效份數：400份

地點：兒童美語補習班門口、國小學校門口等

問卷人員：8位

1. 性別

在此次的訪問中，男性為178人、女性為222人。

其百分比分別為44.5%、55.5%。

性別	男	女	合計
人數	178	222	400
百分比	44.50%	55.50%	100.00%

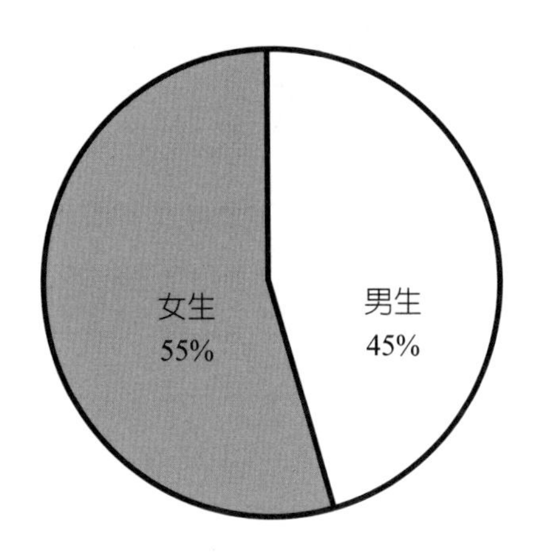

2. 年齡

在此訪問的受訪者中，16～25歲爲42人、26～35歲爲159人、36～45歲爲131人、46～55歲爲45人、56歲以上者爲23人。其百分比分別爲10.5%、39.75%、32.75%、11.25%、5.75%。

年齡	16～25歲	26～35歲	36～45歲	46～55歲	56歲以上	合計
人數	42	159	131	45	23	400
百分比	10.50%	39.75%	32.75%	11.25%	5.75%	100.00%

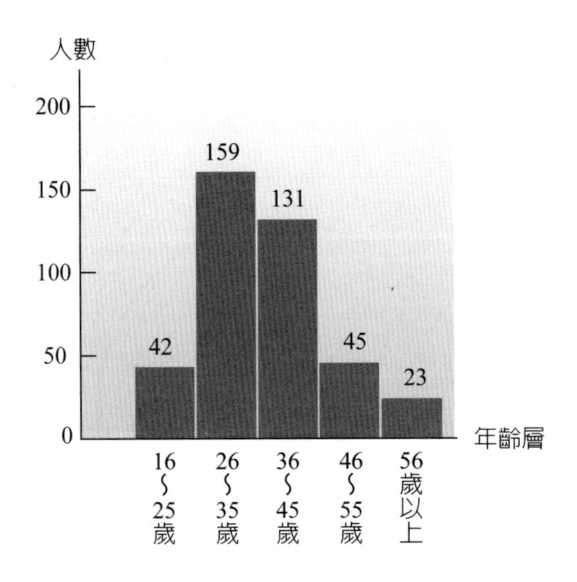

3. 教育程度

在此次受訪者中，其教育程度以高中（職）爲多，其次爲國中以下，接下來爲大學（專）。

第一名：高中（職）。

第二名：國中以下。

第三名：大學（專）。

教育程度	國中以下	高中（職）	大學（專）	研究所以上	合計
人數	73	221	71	35	400
百分比	18.25%	55.25%	17.75%	8.75%	100.00%

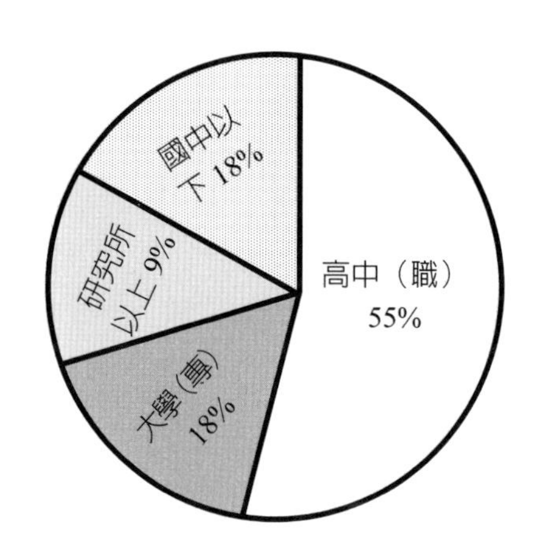

4. 職業

在此次受訪者中，從事服務業者為最多，其次為家管，接下來為資訊業。

第一名：服務業。

第二名：家管。

第三名：資訊業。

業別	製造業	服務業	資訊業	軍公教	買賣業	自由業
人數	33	89	37	36	27	32
百分比	8.25%	22.25%	9.25%	9.00%	6.75%	8.00%
業別	金融業	營造業	家管	其他	合計	
人數	31	30	65	20	400	
百分比	7.75%	7.50%	16.25%	5.00%	100.00%	

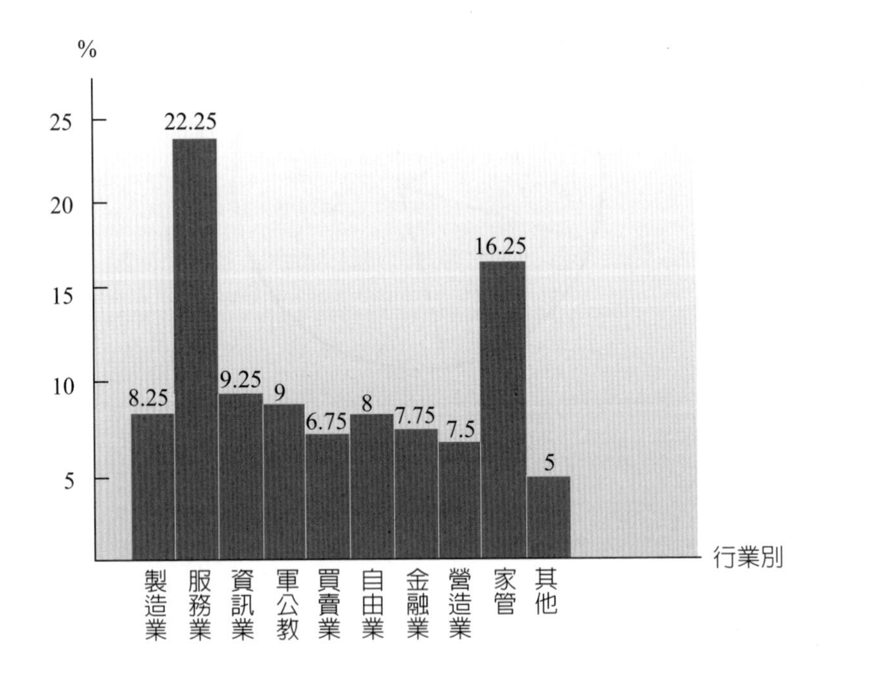

5. 全家收入總額

此次受訪者中，全家收入總額以35,000～50,000元為最多，其次為50,000～100,000元，接下來為20,000～35,000元。

第一名：35,000～50,000元。

第二名：50,000～100,000元。

第三名：20,000～35,000元。

全家收入總額	20,000 元以下	20,000～35,000 元	35,000～50,000 元
人數	13	66	151
百分比	3.25%	16.50%	37.75%
全家收入總額	50,000～100,000 元	100,000 元以上	合計
人數	110	60	400
百分比	27.50%	15.00%	100.00%

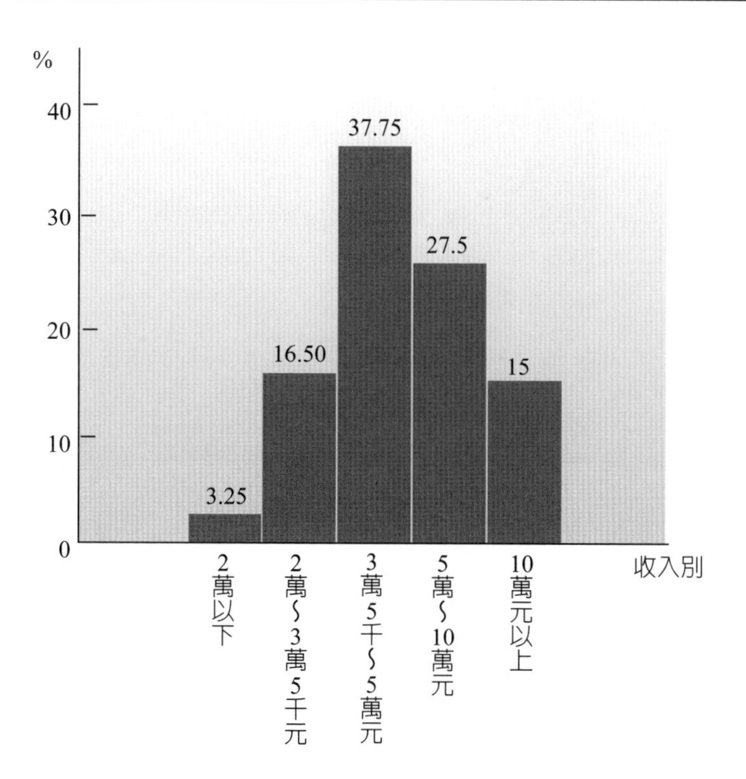

6. 本身所會的語言

在此次的受訪中，其本身所會的語言爲國語398人、台語316人、客家語74人、英語92人、日語59人、其他25人。其百分比分別爲99.5%、79%、18.5%、23%、14.75%、6.25%。

本身所會的語言	國語	台語	客家語	英語	日語	其他
人數	398	316	74	92	59	25
百分比	99.50%	79%	18.50%	23%	14.75%	6.25%

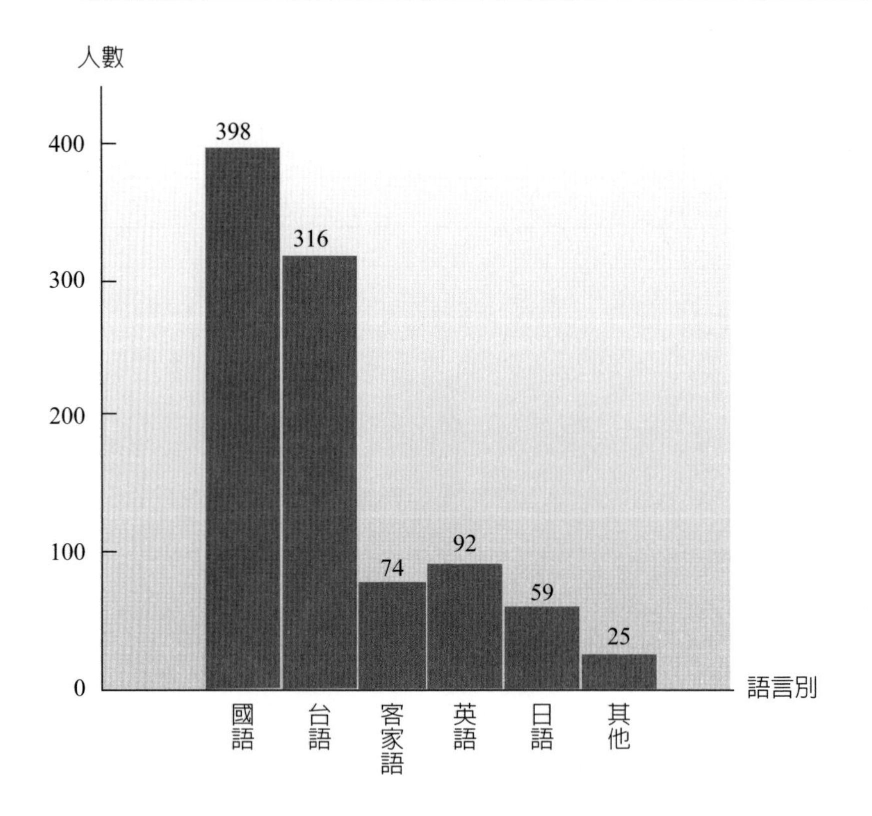

三、問卷內容分析

1. 請問您印象中有哪幾間兒童美語？

參照前面我們得知，目前社會大眾較有印象的兒童美語順序：

第一名：何嘉仁。

第二名：芝麻街。

第三名：吉的堡。

補習班別	何嘉仁	吉的堡	科見	長頸鹿	芝麻街	地球村	喬登
人數	343	299	294	298	300	201	142
百分比	14.62%	12.75%	12.53%	12.70%	12.79%	8.57%	6.05%
補習班別	小哈佛	文藻	花老師	佳音	其他	合計	
人數	100	96	53	183	37	2,346	
百分比	4.26%	4.09%	2.26%	7.80%	1.58%	100.00%	

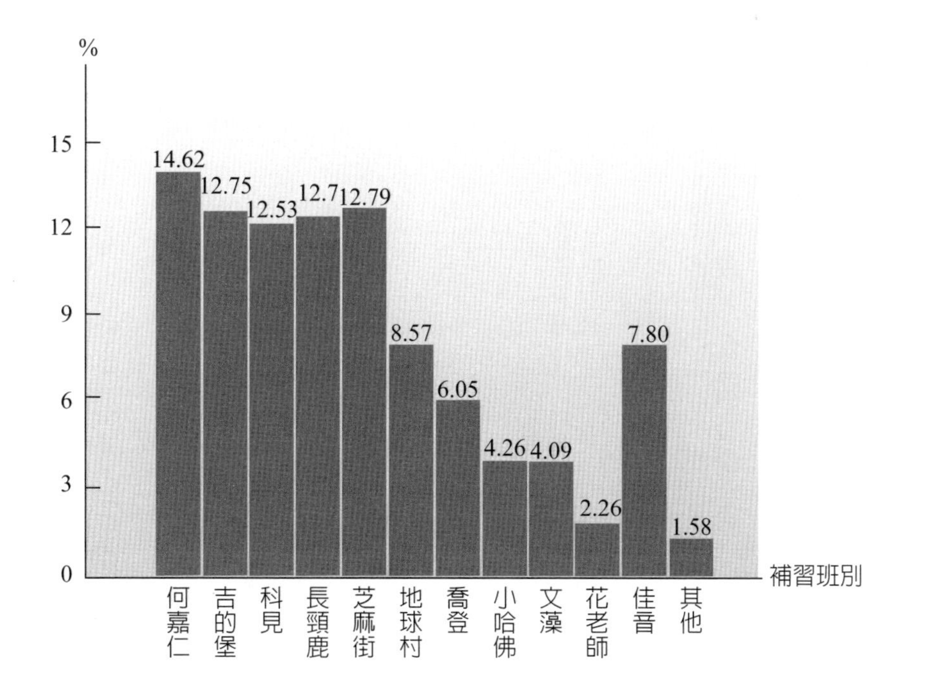

2. 請問您的子女在哪家兒童美語學習？

由此題可以得知，子女在何嘉仁學習者最多，第二名爲其他（大部分以幼教美語機構爲多），第三名爲科見。

第一名：何嘉仁。

第二名：其他。

第三名：科見。

補習班別	何嘉仁	吉的堡	科見	長頸鹿	芝麻街	地球村	喬登
人數	85	33	49	45	41	18	15
百分比	21.25%	8.25%	12.25%	11.25%	10.25%	4.50%	3.75%

補習班別	小哈佛	文藻	花老師	佳音	其他	合計
人數	10	18	9	24	53	400
百分比	2.50%	4.50%	2.25%	6.00%	13.25%	100.00%

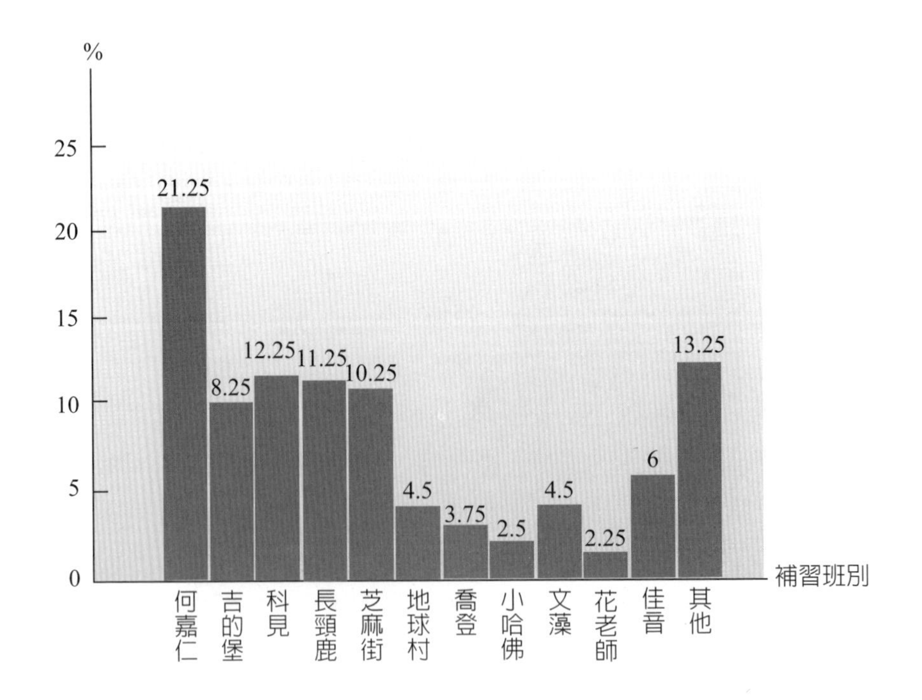

3. 請問您為什麼會選擇這家兒童美語？

由此題可以得知，消費者選擇兒童美語補習班時較注重：

第一名：交通方便。

第二名：親友介紹。

第三名：知名度。

選擇理由	親友介紹	廣告內容	知名度	交通方便	價格便宜	其他	合計
人數	158	106	143	159	132	28	726
百分比	21.76%	14.06%	19.70%	21.90%	18.18%	3.86%	100.00%

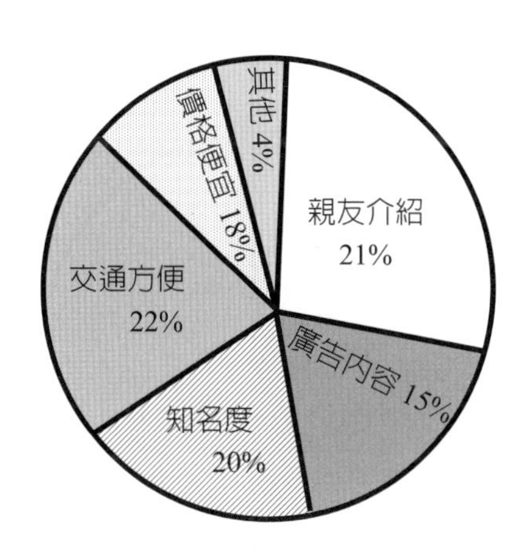

4. 請問您最重視兒童美語的哪個部分？

由此題可以得知，消費者在選擇兒童美語補習班時，比較重視的部分爲師資，其次爲課程安排，接下來是教材。

第一名：師資。

第二名：課程安排。

第三名：教材。

重視項目	師資	收費價格	課程安排	教材	課後輔導	其他	合計
人數	142	44	109	57	37	11	400
百分比	36%	11.00%	27.25%	14.25%	9.25%	2.75%	100.00%

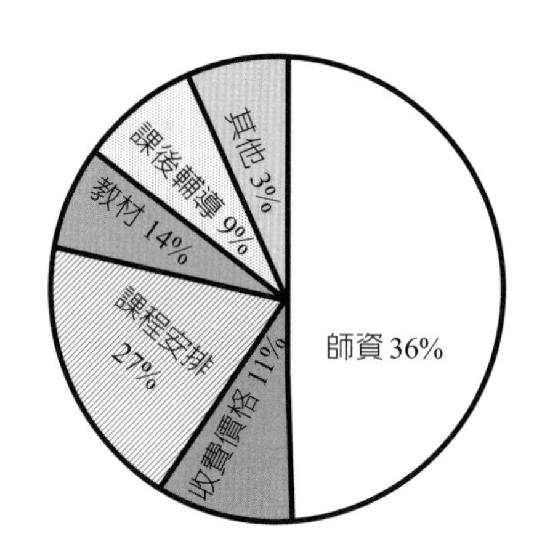

5. 請問您為什麼讓您的子女學習兒童美語？

由此題可以得知，消費者爲什麼讓子女學習兒童美語，最重要的是增加能力，其次是受到時代趨勢影響，接下來是同儕競爭。

第一名：增加能力。

第二名：時代趨勢。

第三名：同儕競爭。

	時代趨勢	增加能力	安排課後時間	同儕競爭	其他	合計
人數	169	257	83	98	16	623
百分比	27.13%	41.25%	13.32%	15.73%	2.57%	100.00%

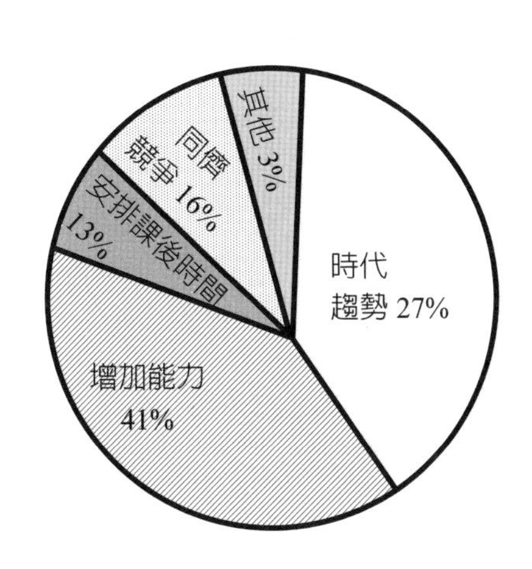

6. 請問您認為兒童美語補習班最需要為您的子女加強哪一方面？

由此題可以得知，消費者認爲自己子女應該加強：

第一名：說。

第二名：聽。

第三名：寫。

希望加強項目	聽	說	讀	寫	合計
人數	118	202	36	44	400
百分比	29.50%	50.50%	9.00%	11.00%	100.00%

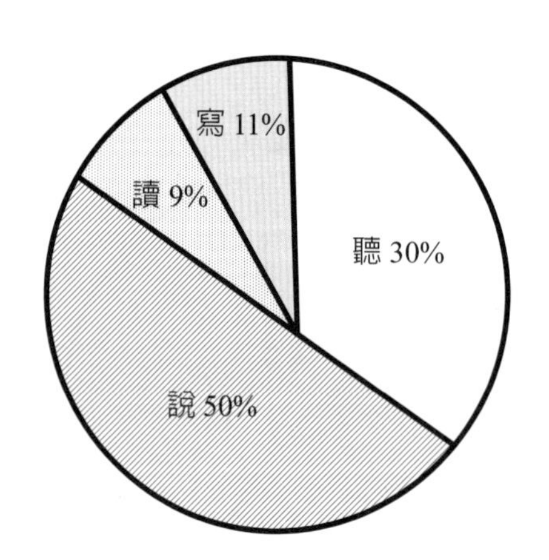

7. 請問您最希望兒童美語補習班舉辦哪種活動來加強學習？

由此題可以得知，消費者希望舉辦哪種活動來加強學習：

第一名：國外遊學。

第二名：話劇表演。

第三名：演講比賽。

希望舉辦的活動	演講比賽	話劇表演	國外遊學	歌唱比賽	其他	合計
人數	75	130	140	45	10	400
百分比	18.75%	32.50%	35.00%	11.25%	2.50%	100.00%

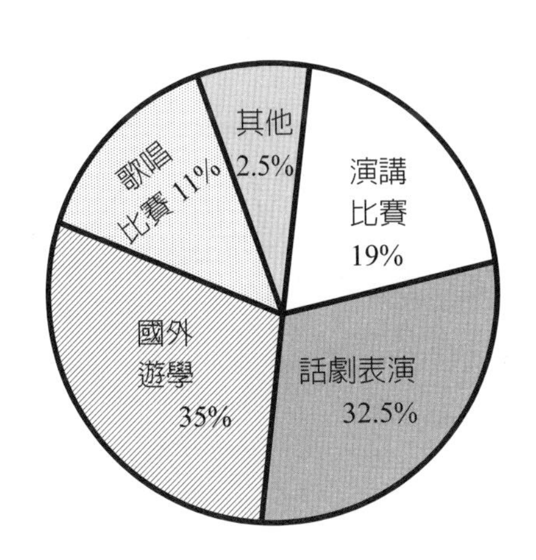

8. 請問您認為您的子女應該從何時學習兒童美語？

由此題可以得知，消費者認爲子女學習兒童美語最適宜的階段爲：

第一名：幼稚園。

第二名：國小1～3年級。

第三名：國小4～6年級。

應從何時學習美語	幼稚園前	幼稚園	國小1～3年級	國小4～6年級	合計
人數	63	135	130	72	400
百分比	15.75%	33.75%	32.50%	18.00%	100.00%

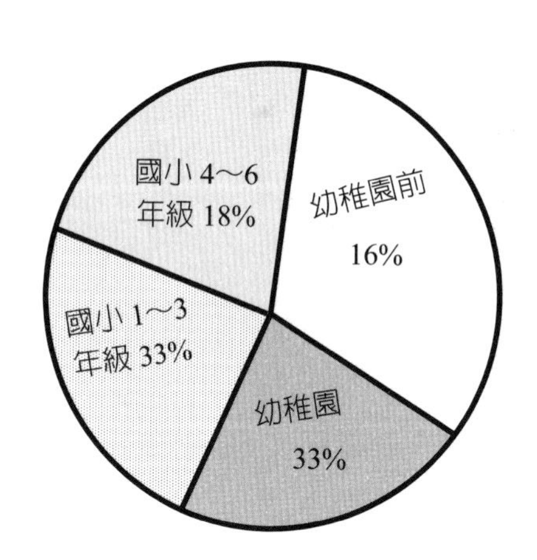

9. 請問您認為兒童美語的班級人數應該多少較適合？

由此題可以得知，消費者認爲兒童美語的班級適宜人數爲：

第一名：9～14人。

第二名：15～20人。

第三名：3～8人。

班級人數多少合宜	3～8 人	9～14 人	15～20 人	20 人以上	合計
人數	89	173	97	41	400
百分比	18.09%	35.16%	19.72%	8.33%	100.00%

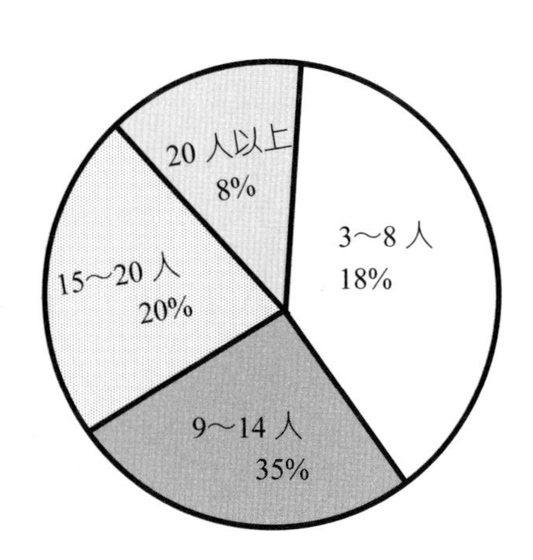

10.請問您認為每週適當的上課次數？

由此題可以得知，消費者認爲每週適當的上課次數爲：

第一名：3次。

第二名：2次。

第三名：4次以上。

每週適當上課次數	1 次	2 次	3 次	4 次以上	合計
人數	25	163	179	33	400
百分比	6.25%	40.75%	44.75%	8.25%	100.00%

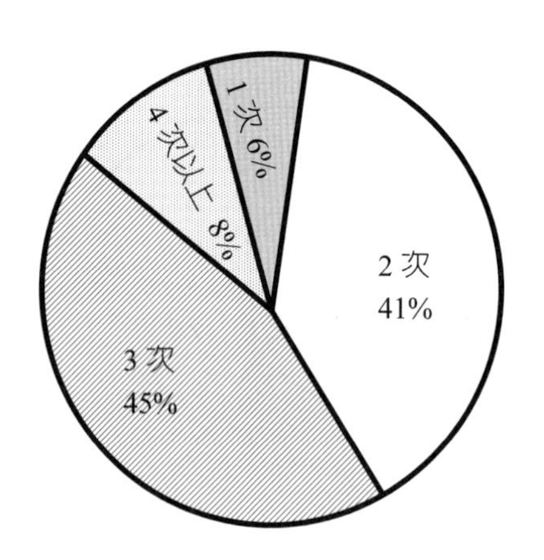

11.請問您認為每次適當的上課時數？

由此題可以得知，消費者認爲每次適當的上課時數爲：

第一名：2小時。

第二名：2.5小時。

第三名：3小時。

每次適當上課時數	1.5 小時	2 小時	2.5 小時	3 小時	3 小時以上	合計
人數	54	159	87	86	14	400
百分比	13.50%	39.75%	21.75%	21.50%	3.50%	100.00%

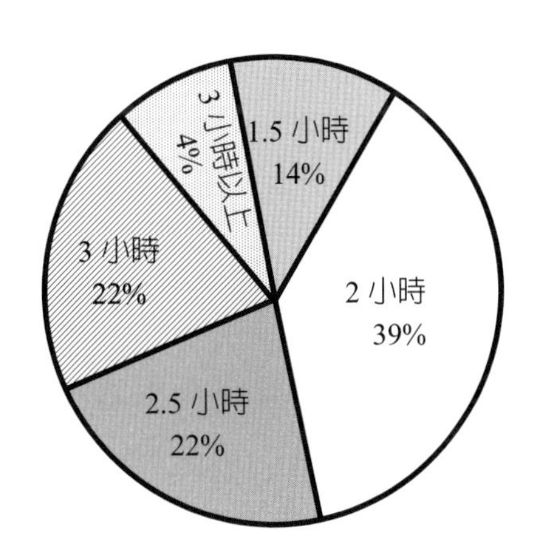

12.請問您願意每月花多少錢在子女的課外輔導？

由此題可以得知，消費者願意每月花費在子女課外輔導上的金額為：

第一名：2,000～5,000 元。

第二名：5,000～10,000元。

第三名：10,000元以上。

願花費金額	2,000元以下	2,000～5,000 元	5,000～10,000 元	10,000元以上
人數	54	154	120	72
百分比	13.50%	38.50%	30.00%	18.00%

願花費金額	合計
人數	400
百分比	100.00%

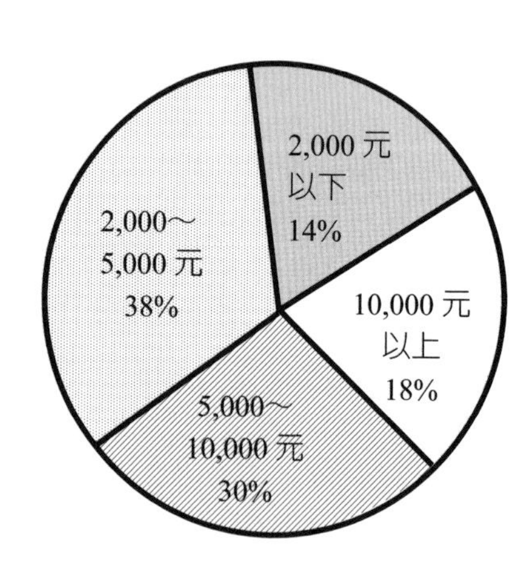

13.請問您是從哪些資訊管道知道這些兒童美語？

由此題可以得知，消費者係從以下管道知道這些兒童美語：

第一名：電視。

第二名：報章雜誌。

第三名：DM。

從何得知資訊	電視	報章雜誌	廣播	網路	DM	其他	合計
人數	203	177	67	82	146	49	724
百分比	28.04%	24.45%	9.25%	11.33%	20.17%	6.77%	100.00%

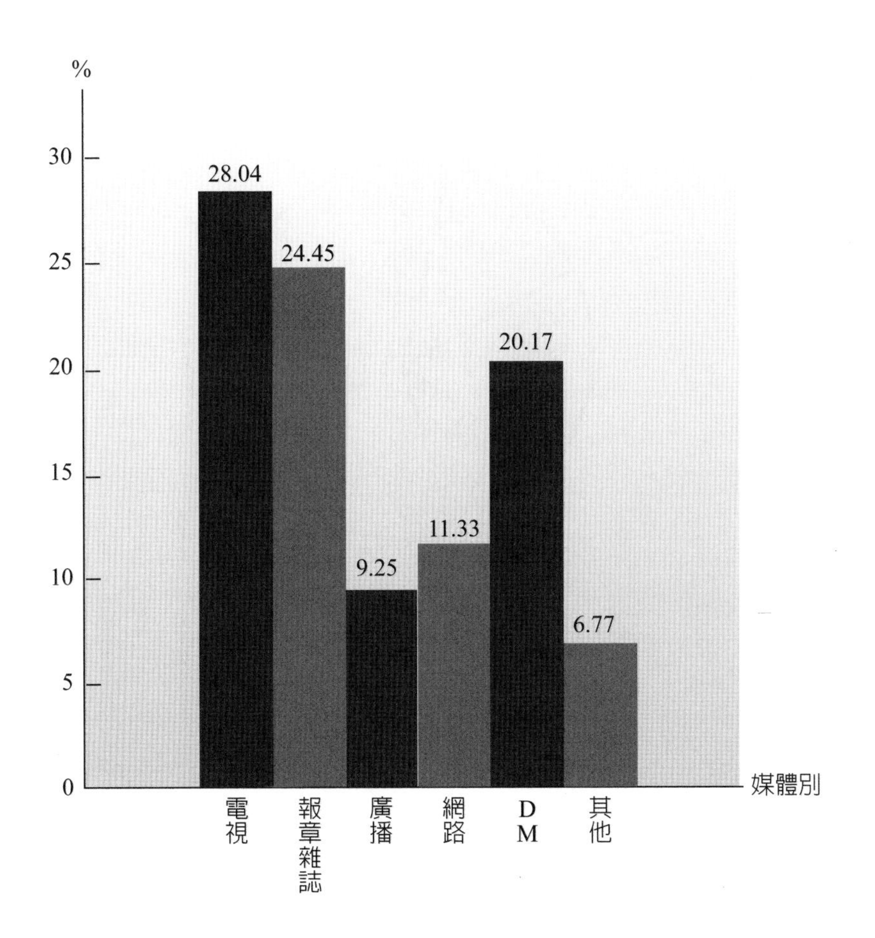

14.請問您最常使用的媒體？

由此題可以得知，消費者最常使用的媒體，大部分爲電視（占60%），其次爲廣播，接下來是網路。

第一名：電視。

第二名：廣播。

第三名：網路。

最常使用之媒體	電視	報章雜誌	廣播	網路	其他	合計
人數	241	26	77	49	7	400
百分比	60.25%	6.50%	19.25%	12.25%	1.75%	100.00%

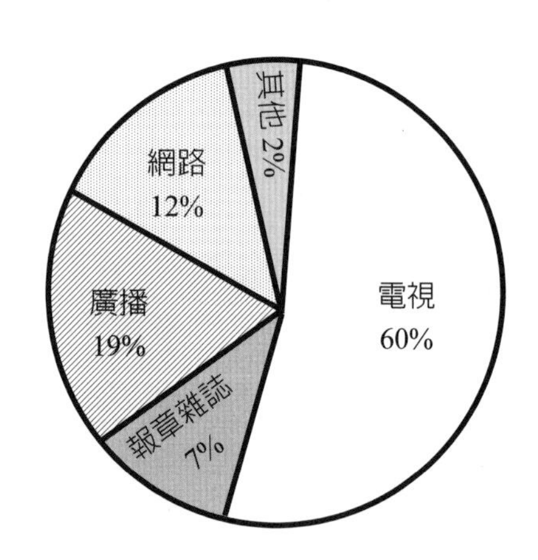

15.請問您最希望報名時得到哪種贈品？

由此題可以得知，消費者最希望報名時得到翻譯機，其次爲課外書籍，接下來是教材。

第一名：翻譯機。

第二名：課外書籍。

第三名：教材。

希望的贈品	翻譯機	錄音帶	教材	課外書籍	禮券	其他	合計
人數	124	53	66	83	53	21	400
百分比	31.00%	13.25%	16.50%	20.75%	13.25%	5.25%	100.00%

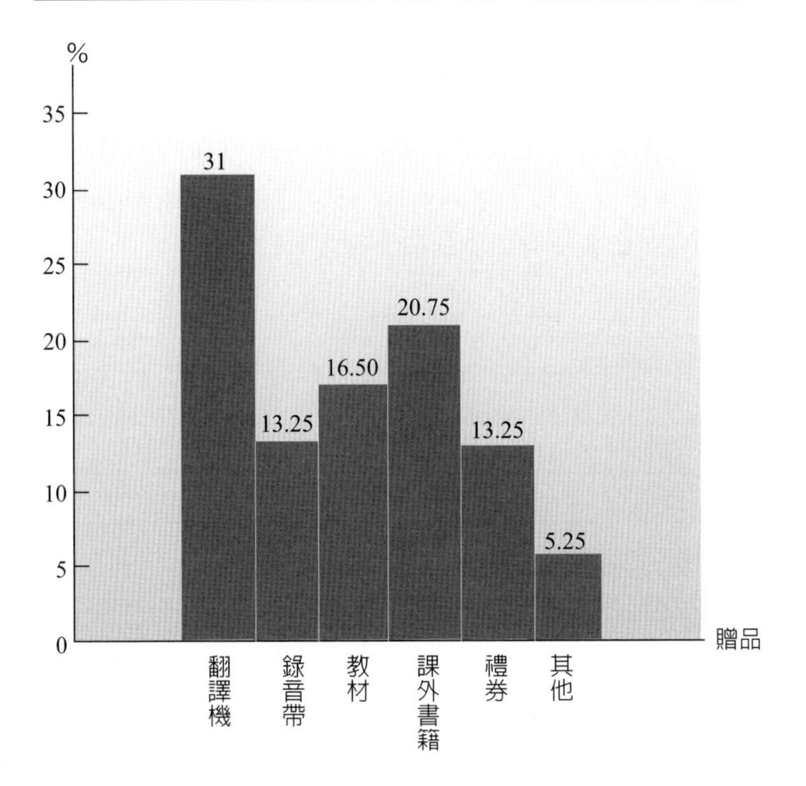

四、交叉分析

1. 根據以上第1題與第2題的分配比率情況相似，可發現補習班知名度與家長選擇補習班之間，有絕對的關係。

印象前五名：

補習班別	何嘉仁	吉的堡	科見	長頸鹿	芝麻街
人數	343	299	294	298	300
百分比	14.62%	12.75%	12.53%	12.70%	12.79%

就讀前五名：

補習班別	何嘉仁	吉的堡	科見	長頸鹿	芝麻街
人數	85	33	49	45	53
百分比	21.25%	8.25%	12.25%	11.25%	13.25%

2. 第6題加強能力方面與第7題舉辦活動方面的結果具有相互關聯性，根據資料，第6題方面有勾選聽與說兩個選項的家長，在第7題時多半會勾選話劇表演或外國遊學。

加強部分：

希望加強項目	聽	說	讀	寫	合計
人數	118	202	36	44	400
百分比	29.50%	50.50%	9.00%	11.00%	100.00%

舉辦活動類型：

希望舉辦的活動	演講比賽	話劇表演	國外遊學	歌唱比賽	其他	合計
人數	75	130	140	45	10	400
百分比	18.75%	32.50%	35.00%	11.25%	2.50%	100.00%

3. 從第13題與第14題可以得知，接收兒童美語資訊的主要來源以及最有效的途徑，還是以電視爲主。

兒童美語資訊來源：

從何得知資訊	電視	報章雜誌	廣播	網路	DM	其他	合計
人數	203	177	67	82	146	49	724
百分比	28.04%	24.45%	9.25%	11.33%	20.17%	6.77%	100.00%

最常使用之媒體：

最常使用之媒體	電視	報章雜誌	廣播	網路	其他	合計
人數	241	26	77	49	7	400
百分比	60.25%	6.50%	19.25%	12.25%	1.75%	100.00%

4. 年齡層在26～35歲階層的受訪者，大多希望自己的孩子能在幼稚園時期，便開始學習英語。而其他階層則認爲，在小學1～3年級時期再學即可。

26～35歲的受訪者：

應從何時學習美語	幼稚園前	幼稚園	國小 1～3 年級	國小 4～6 年級	合計
人數	36	112	40	33	221
百分比	9.00%	28.00%	10.00%	8.25%	55.25%

其他：

應從何時學習美語	幼稚園前	幼稚園	國小 1～3 年級	國小 4～6 年級	合計
人數	18	26	115	20	179
百分比	4.50%	6.50%	28.75%	5.00%	44.75%

5. 家庭收入介於35,000～50,000元與50,000～100,000元之家長，在每月課外輔導的花費仍傾向在2,000～5,000元之間。

願花費金額	2,000元以下	2,000～5,000元	5,000～10,000元	10,000元以上	合計
人數	10	53	29	18	110
百分比	9.09%	48.18%	26.36%	16.36%	100.00%

願花費金額	2,000元以下	2,000～5,000元	5,000～10,000元	10,000元以上	合計
人數	26	125	18	0	151
百分比	17.22%	82.78%	11.92%	0.00%	100.00%

五、問卷結論

1. 知名度

一般消費者對於兒童美語補習班的知名度方面以何嘉仁最高，其次是芝麻街，而吉的堡、長頸鹿、科見這幾家，何嘉仁具高知名度，與其在電視上廣告量大有很大的關係。常可聽見何嘉仁的教學目標：自然而然學會兩種語言！

2. 功能性

從第2題中我們知道除了何嘉仁、吉的堡等幾家頗具知名度且廣受消費者所接受外，其他非盛名的補習班也有不少的接受者，那是因爲家長也會考慮將孩童送往複合式的補習班或安親班，讓孩童在相同的環境外學習到更多的知識！

3. 便利性

一般消費者（家長）選擇兒童美語時，最先考慮交通方便、親友介紹、知名度。由交通因素可推得消費者的子女因年齡還小，安全性及便利性的需求很高。對業者而言，可利用交通車接送及選擇地點上著手，對業者在經營方面可加強口碑行銷的重要性及透過推廣動作提高知名度！

4. 教學與課程

一般消費者對於選擇兒童美語時，以師資爲最高考量，其次爲課程安排、教材。對業者而言，在任用教師之考量相對重要，而坊間具知名度的業者以外籍教師爲輔助教學，這也是其他才藝班所面臨之競爭。若業者能設計出完善的課程，對學生而言，能增加學習效果，也能使業者本身在產品設計上更具優勢！

5. 目的性

一般消費者會讓自己子女學習兒童美語，最大的動機是想增加美語的能力，其次爲時代趨勢，再者爲同儕之間的競爭因素及安排課後時間。雖有諸多原因，但本身能力的增長才是家長所重視的！

6. 需求性

一般消費者認爲，兒童美語業者最需爲學生加強在聽與說的能力，此研究反映學生在美語方面聽與說的流利度及敏銳度尚需加強，而學生普遍對於讀與寫方面的能力雖較強，但不足以應付現今實用美語的表達。

7. 多元性

此次調查詢問家長最希望兒童美語補習班業者舉辦哪種活動來加強學習？結果顯示話劇表演及國外遊學獲得相同的重視，這代表著現今美語的學習不再著重於呆板的讀寫練習，而是藉由更生活化及趣味性的活動來增加學習績效，其次爲演講比賽，此亦代表著對於表達能力的重視。

8. 年齡層

普遍來說，一般消費者希望自己子女進入兒童美語補習班的最適宜年齡為幼稚園時，其次則以國小1～3年級為適當年齡，最後為國小4～6年級及幼稚園前。現在家長大致認為兼顧時代趨勢的同儕競爭與學童的心智發展程度下，不宜太遲學習，但普遍來說，此最適宜學習年齡仍比以往降低許多。

9. 班級人數

兒童美語補習班的人數多寡，將會影響學生學習的品質及環境，而大班制將會造成孩童無法與老師直接互動反應，因此，由此研究我們知道對消費者而言，都希望子女能在小班制的教學環境下學習成長。

10.次數性

大部分學童的家長認為，兒童美語業每週最適當的上課次數排名為：3次及2次。以一週7天工作日而言，為了達到完全吸收學習效果，但又不構成負擔的雙重考量下，太少（1次）或太多（4次以上）的上課次數，較不受採用。

11.時數

每次適當的上課時數對於孩童的學習效率有事半功倍之效果，冗長的上課時數不但會造成孩童學習疲倦，也會產生負面的學習效果，而太短的上課時數也會使孩童有充分的時間適應學習。因此由這次的調查研究顯示，每次適當的上課時數為2小時，上課上得越久或太短都不恰當。

12.費用

在現今不景氣的環境下，家長收入普遍受到影響，然而我們研究結果顯示，消費者每個月願意支出2,000～5,000元在培養子女的美語能力上，但也有不少家長較不受影響，願意每個月支出5,000～10,000元在子女的補習費用上。

13.廣告來源、媒體使用

對於現代消費者而言，電視為其最常使用的媒體，因此許多的資訊吸收、產品認識都能迅速直接的由此獲得，報章雜誌也是消費者常使用的媒體之一，而報章雜誌也占有某種程度的使用度。值得一提的是，隨著網際網路的發達、科技的進步，也有不少人以網路當作獲取資訊的媒介。

14.贈品種類

對於消費者而言，當他們爲子女選擇良好的兒童美語時，如有贈品時，消費者一定希望能直接嘉惠於子女的身上，因此，由此研究得知，翻譯機、課外書籍爲優先選擇！

六、分析與建議

1. 以第一項來看何嘉仁、吉的堡、科見、長頸鹿以及芝麻街等五家補習班的知名度，明顯高於其他補習班。
   (1)在子女選擇方面與分配比率上，其實是與第1題的結果相類似，而這五家補習班與其他補習班，主要在於廣告量方面有相當大的差異。
   (2)此外，這五家中除科見以外，其他四家主要皆以兒童美語爲訴求，而不包含成人美語。因此我們可以推斷，廣告的數量對於知名度有決定性的影響。
   (3)廣告內容訴求與大眾知名度在對補習班的選擇上，也有決定性的影響。對於其他商品是這樣，對美語教學亦是如此。
2. 家長選擇的最主要考慮方向在於交通問題
   (1)交通問題，建議若以成本考量，以多量輕質的方式，於各地區廣設據點，而每一個分布不需太大。
   (2)一方面可解決家長所顧慮的交通與安全問題，二來由於廣設據點的結果，可大大增加品牌曝光率與知名度。
3. 補習班在履行製作方面，可對於下列幾項再予以強調：

(1)師資來源：補習班的教師，無論本國或外國人（尤其是外國人），皆接受過正統良好的教育訓練與擁有合格的教師資格。

(2)教學內容保證生活化，絕對實用性，如使用外國人所編的教學圖書，而非本國人所編著，並著重美語之聽與說，也就是對話方面的教學，以及刻意與國內中小學之填鴨式美語教育做區隔。

(3)著重幼稚園至小學三年級此年齡層的小朋友教育方式，並且表示除美語學習之外，也會注重小朋友從小的同儕相處技巧與人際關係處理。

(4)良好的課程安排：根據我方問卷的結果，也就是每週上3次，每次2個小時。

4. 價格訂定方面，由於家長選擇範圍非常廣，介於2,000～10,000元之間。因此補習班可利用不同的課程，加以配套（如聽力加強班、文法加強班等），利用套餐方式使家長能夠有彈性，並且多樣化的選擇，其中可加上不同的促銷方案，如折扣或送贈品的方式。

七、行銷策略建議

對於目前坊間之兒童美語補習班，綜合研究結果所擬定之新企劃的兒童補習班行銷策略如下：

1. 產品（product）

(1)補教界對於本身之品牌知名度要求相當高。

(2)針對不同目標顧客群，推出不同產品組合，例如：文法班、發音班、寫作班等，來改善消費者對於兒童美語之印象。

(3)推出新課程以因應市場需求，例如：全民英檢班。

(4)補習班可加強本身師資陣容，強化和競爭者之優勢，而且要強調師資的優勢及英語教學之背景。

(5)目前兒童美語傾向小班制教學，8人開班不超過20人。因爲目前美語教學傾向互動式學習，以趣味爲主。

2. 訂價（price）

(1)大多數家長每個月願意花2,000～5,000元在子女的課外輔導。

(2)推出折扣方法吸引顧客

①數量折扣：補兩種以上課程者予以折扣。

②提早繳清者予以現金折扣。

③同行團報者予以折扣。

(3)針對1,000～2,000元之間的區域，進行各個不同價位的配套措施。以套餐的方式，提供家長多樣化的選擇，並適當提出綜合折扣優惠以吸引家長。

3. 通路（place）

(1)業者在評估補習班場址時，需考慮交通便利性以及既有學校數。

(2)分散資源於各地廣設據點，以重置方式進行，一方面可解決家長最在意的交通問題，同時亦可增加品牌曝光度，在家長心中較易留下印象。

(3)如在市場密集度較低的地區或由於其他原因，而無法於合適地區設立據點，可提供交通車接送學生，以解決交通問題及家長對於學童安全上的顧慮。

4. 推廣（promotion）

(1)業者在使用媒介做推廣活動時，應採行「電視」，而在選擇廣告內容（方式）及廣告時段方面亦是。

(2)最常見的使用媒介爲廣告DM、公車站牌、文具組（尺、筆等）、試聽光碟、贈閱教材等。

(3)有的則請學校老師推薦，或是給予舊生推薦費用。

阿華田在中國的重新定位

1965年的歐洲戰爭紛亂，普通民眾生活品質差，醫療資源匱乏，普遍營養不良。一位瑞士的藥劑師喬治·溫德致力於研究出一種配方，以改善這種狀況。他以眞空技術萃取極富營養的大麥胚芽，獲得麥芽營養素，成爲提高大眾、尤其是兒童營養的天然補品。1897年，喬治·溫德與同爲藥劑師的兒子亞伯·溫德將這個配方進一步改良，除了麥芽營養素外，更添加了牛奶和巧克力，成爲暢銷全世界的阿華田配方。1904年，亞伯·溫德將此配方正式命名爲Ovomaltine（阿華田），並採用當時最先進的眞空乾燥技術，將阿華田能量飲品製成粉末狀，不但容易保存，也便於攜帶沖泡。在初期，阿華田作爲專業的營養配方及藥品進行銷售，漸漸的，民眾們也發現了這種革命性飲料在補充營養、提升精力方面的益處，更有運動員將它當作補充體力的珍品。

從早餐用的粉劑罐裝，到便於旅行攜帶及參加體育運動時的盒裝與瓶裝，阿華田根據客戶需求不斷推陳出新。瑞士體育與阿華田的緊密聯繫始於1927年，當時阿華田在一項體育比賽中作爲指定產品，此後多年間更成爲瑞士著名的體育飲料。溫德博士主辦了多場體育比賽，阿華田也一向以有助健康、給予活力及補充體力的營養品形象出現在當時的螢光幕上。在進入中國之前，這個百年飲品品牌已經暢銷了全球50多個國家和地區。

1930年，阿華田來到上海，當時中文品名爲華福麥乳精，行銷策略將其定位爲游泳後的營養品。當時的九福製藥廠從瑞士買來配方後，研製出國產樂口福麥乳精，也一度暢銷。

阿華田自1993年正式進入中國市場，是70後乃至90後等幾代人的童年記憶，曾在華東、華南地區風靡一時。雖然陪伴了許多人的成長，但隨著中國消費性市場的轉型，居民的飲食習慣從溫飽型轉變爲休閒型消費，在沖泡飲料市場更是變化明顯，截至2017年，中國大規模的沖泡飲料生產廠商高達125家，市場規模爲701.3億元人民幣，阿華田的市場份額不斷被擠壓。為應對這些變化帶來的挑戰，在中國擁有廣闊市場的阿華田也積極做出調整，力爭成為更加成功的品牌。自2018年起，中國阿華田的品牌定位做出了重大改變，將目標客戶群體從過去的媽媽及6～12歲學齡兒童，轉變為18～35歲的年輕人，他們不僅追求營養，而且要美味正能量，並希望將這種正能量傳遞給更多的消費者。正如阿華田口號中所述：每一天陽光，燦爛，點亮更美好的你。阿華田對於他們來說是一種風味、一種營養，更是年輕健康主張的自我定位。

布局新賽道煥發新活力

重新定位後的阿華田參加了第一屆上海進博會，展示產品、拓展業務管道，為未來的高速增長打下良好的基礎。之後，阿華田採取了一系列行動拓展業務，包括開設天貓海外旗艦店，引進來自瑞士和泰國的阿華田產品；引入符合年輕人的元素，開發受年輕消費者喜歡的飲料品種等。

阿華田也積極拓展連鎖便利店及餐飲管道，與國內多家知名奶茶連鎖、國際餐飲連鎖及烘焙連鎖進行IP聯名合作，也與全家、7-Eleven等連鎖便利商店聯合，打造出多款「出圈」爆款產品，再度刷新外界對阿華田的認知。爆漿球、奶茶、烘焙麵包，各種甜點、冰品的誕生，對外傳遞著「阿華田不僅僅只是沖調粉劑，還能有多種運用場景」的信號。同時，透過拓展品類，進一步滿足了消費者多元化的生活場景需求。

阿华田
高考加油
超燃能量
定能发挥超常
Ovaltine
阿华田
特浓可可
祝你考的全会
答的全对

2019年6月，阿華田與中國國內知名新型茶飲喜茶達成合作，打響品牌合作的第一槍。聯名推出的阿華田波波冰、阿華田咖啡等多款產品，迅速成爲「網紅單品」。

2020年雖經歷新冠疫情，但阿華田在華業務也實現逆勢增長，增長百分比在集團全球第一，且在消費者端及供應商管道中都表現不俗。

2021年，阿華田與麥當勞達成合作，推出阿華田華夫筒、阿華田霜淇淋、阿華田派等多款產品。上架後一週，部分地區就出現售罄情況。

第2份
半价
¥10/个
阿华田
酷脆华夫筒
阿华田
珍珠奶茶冷饮
阿华田
酷脆新地
阿华田
酷脆麦旋风™
阿华田
圆筒
阿华田
心冻角
Ovaltine
@麦当劳

在2021年進博會上，阿華田展台出現了一輛從瑞士開往中國的小火車，展示了兩款新品——經典高麥麥芽可可粉和阿華田酷脆心情夾心餅乾。阿華田酷脆心情夾心餅乾的上市，標誌著阿華田正式進入休閒零食賽道，更讓消費者看到了品牌卓越的創新實力。

得益於強大的產品研發能力和品牌賦能，阿華田業務增長迅速，產品線也從單一粉劑，擴展到即飲飲料及各種阿華田糕點、餅乾、零食。除了發展不同的產品口味外，更連結至不同通路，尤其是餐飲及烘焙。這一系列行動彰顯了阿華田深耕中國市場的決心與信心，讓更多年輕消費者感受到了品牌的創新力。「萬物皆可阿華田」的背後，正是阿華田品牌合作的成功體現。

現在的阿華田中國業務由「三架馬車」驅動，覆蓋銷售管道、產品系列及品牌策略。銷售管道方面，電商、零售、餐飲分別為「三架馬車」；產品系列中，固體飲料、即飲飲料、零食產品作為「三架馬車」；品牌策略中則有自有產品、IP聯名、品牌授權的「三架馬車」。阿華田全新的業務格局，使得品牌實現了飛躍性發展，促成了品牌業績的直線提升。根據相關資料顯示，過去三年，阿華田在華業務保持著雙位數增長。產品系列和種類進一步完善，滿足了消費者多方位的美食需求，受到年輕消費群體青睞。

（本篇個案內容，經阿華田中國分公司同意放於本書中。）

永豐銀行休碳 Show Time
生活當道！數位化服務讓
減碳生活更簡單

在當今關注永續發展和環保的社會中，減少碳排放成爲重要議題。作爲金融界的先行者，永豐銀行透過打造綠色生態系統，協助企業淨零轉型，如今更將綠色金融推廣到社會大眾，讓企業和社會都能輕鬆實踐綠色生活。本篇文章將介紹永豐銀行的綠色金融使命和創新服務「休碳Show Time」，了解如何即時將環保行動轉換成減碳成果，並參與最新的減碳任務，一起爲地球盡一份心力，與永豐銀行共同建立綠色未來。

碳排放量增加不僅危害健康，還會帶來經濟損失

碳排放主要指燃燒化石燃料而產生的溫室氣體，包含二氧化碳、甲烷、氟氯碳化物和臭氧等，其中以二氧化碳爲主。碳排放雖然無色、無味且無臭，但過多的碳排放逸散到大氣層中，會導致溫室效應加劇，促使全球暖化，並帶來一連串的氣候變遷、糧食短缺和經濟損失等，造成難以挽回的後果。有相關研究就曾指出，熱浪已造成全球數兆元以上的經濟損失。在富裕地區，人均GDP下降1.5%，而在貧窮落後地區，人均GDP更下降高達6.7%，不僅加大貧富差距，還對全球供應產業鏈產生了影響。

世界各地陸續針對碳排放制定一連串的政策和管制，例如：歐盟的碳邊境調整機制、美國的清潔競爭法案，將針對企業開徵碳稅並要求出具碳排放量證明，定期揭露碳排放資訊。不僅歐美地區，台灣也將於2024年針對排碳大戶開徵碳費，加速修訂相關法規，規範碳費徵收辦法、碳盤查機制等，力求達到2050年淨零碳排的目標。

企業力拚淨零轉型，與諸多產業相輔相成的金融業也難以置身事外。作爲綠色金融領航者的永豐銀行，近年就協助許多產業升級轉型，以「盤查與查證」、「能源管理」、「減碳」和「永續」四部曲推動綠色金融服務，透過方便的一站式服務，協助企業面對永續新挑戰。

永豐銀行綠色金融服務有哪些？打造綠色金融生態圈助您一臂之力

永豐銀行長期致力於推動綠色金融，連續7年榮獲經濟部能源局「光鐸獎——優良金融服務獎」，並獲得中小企業信用保證基金「促進政策推動獎」的殊榮。近年來透過打造綠電生態體系、協助企業加入綠建築行列和企業碳排查與查證等相關金融服務，促進產業淨零轉型。接下來要分別介紹永豐銀行為企業推出的綠色金融服務，讓您了解如何加入綠色金融的行列，創造更高的經濟價值。

1. 建立信託系統，提升綠電自由和安全性

與知名售電業者「天能綠電」、綠電交易平台「陽光伏特加」和「南方電力」合作，導入信託管理機制，促進創電、售電和購電三方業者互信，協助規模較小的中小企業也能順利取得綠電，同時藉由市場供需機制穩定綠電交易價格。此外，永豐銀行也積極建構「綠能電廠資訊管理系統」，有效管理企業電廠的生命週期、發電效益和建廠及融資決策，讓有意投入綠電市場的企業可進行營運及融資評估，以提升交易安全性；另一方面，永豐銀行也提供碳盤查實務工具、碳權交易和碳足跡標準查證等教育訓練，讓企業與碳權市場接軌，搭上綠色金融新浪潮。

2. 產業領航、統籌多項綠色融資專案

自2013年起，永豐銀行即啟動多項再生能源融資相關專案，包含太陽能光電廠、地熱、陸域風機和廢棄物發電等永續方案，截至2023年6月，綠能融資專案餘額已正式突破千億，融資案件數更是全台之冠；同時連續3年主辦百億元規模的綠能聯貸案。為加速企業淨零轉型，2023年主辦綠色行動力論壇，廣邀各界能源、金融和相關政策的專家，共同倡議供應鏈轉型的重要性，進一步驅動產業成長。

3. 推出綠色存款支持相關產業

永豐銀行不但積極於相關產業，更扶持再生能源相關產業，還將綠色金融推廣至社會大眾，推出以美元活期存款爲主的綠色存款銀行，鼓勵全民以具體行動共同參與綠色行動，於2023年6月底前完成登錄活動，即享綠色存款活存利率加碼2%的專屬優惠。讓永續產業能夠獲得社會大眾的支持，吸引更多資源投入其中，促進綠色建築、再生能源科技發展或汙染防治產業等發展，達成永續綠色金融的目標，共創美好綠色生活。

永豐綠色行動家輕鬆實踐休碳Show Time生活

減少碳排放不僅是企業責任，更是社會責任，每個人都能從生活的小事開始做起，支持注重環境永續的企業，透過支持綠色金融服務，輕鬆實踐「休碳Show Time」生活。永豐銀行實際響應減碳行動，讓客戶都能透過減碳任務，累積減碳成果，成爲綠色行動家！下面將介紹如何打造讓地球更美好的休碳Show Time生活。

1. 休碳是什麼？LINE個人化休碳專區和減碳任務

永豐銀行於LINE官方帳號推出「休碳專區」，只要進入主題專區，啟用「消費碳足跡查詢」功能，即可從每一筆刷卡消費資訊中，了解所產生或減少的碳排放量，並掌握最新減碳任務與查看個人減碳成果。爲了鼓勵消費者將減碳融入生活中，永豐銀行推出減碳任務，例如：臨櫃申辦無摺帳戶，讓減碳從帳戶開始，並可累積小蜜豐金Bee，換取知名商店精選商品，以及綠色商店5%加碼消費回饋，讓減碳不再是口號，更是你我生活的日常，共創地球休碳美好生活。

2. 無紙化交易讓服務更便利！首創分行服務全流程數位化

永豐銀行不僅鼓勵企業和社會，更以身作則建立「iBranch金

豐便」平台，首創分行服務全流程數位化，打造休碳櫃檯，讓客戶從臨櫃取號到身分驗證全程數位升級無紙化交易，同時以行動櫃員、線上取號和eNote電子表單等臨櫃節能數位化服務，取代繁瑣、費時的人工作業，讓民眾在家即可完成線上開戶、對帳、投資理財、申辦信用卡和貸款等金融服務，每年省紙量高達2座101大樓，約1億張用紙，也因此榮獲金融界奧斯卡獎「菁業獎——最佳數位金融獎」優等之殊榮。

永豐銀行邀您共創休碳Show Time美好生活，減碳從你我開始做起

全球極端氣候頻傳，各地因溫室效應而造成的經濟損失日益增加，讓2050年淨零碳排的目標迫在眉睫。永豐銀行作為綠色金融先行者，不遺餘力地提供企業再生能源相關協助，擔任輔導和教育的角色，成為推動企業升級轉型的重要幕後推手，並且發揮綠色金融影響

力，呼籲社會大眾一同實踐綠色生活。透過全流程數位服務和個人減碳LINE專區，讓減碳從你我開始，每天一個小舉動創造更美好的休碳生活！

（本篇個案內容，資料來源：https://bank.sinopac.com/sinopacBT/personal/article/eco-friendly/show-time.html，經永豐銀行授權同意放於本書中。）

參考書目

1. 《Time》中文解讀版　No.73　pp.60～68　經典傳訊
2. 《天下雜誌》　248期　pp.26～85　天下文化
3. 《數位周刊》　No.64　pp.68～73　商周數位股份有限公司
4. 《數位周刊》　No.66　pp.78～80　商周數位股份有限公司
5. 《數位周刊》　No.72　pp.54～58、pp.66～70　商周數位股份有限公司
6. 《數位周刊》　No.74　pp.74～76　商周數位股份有限公司
7. 《商業周刊》　No.737　pp.66～82　商周文化
8. 《商業周刊》　No.736　pp.128～132　商周文化
9. 《商業周刊》　No.740　pp.76～82　商周文化
10. 《商業周刊》　No.744　pp.116～118　商周文化
11. 《突破雜誌》　No.199　pp.35～38　哈佛企業管理顧問公司
12. 《突破雜誌》　No.198　pp.16～24、pp.68～71、pp.79～82　哈佛企業管理顧問公司
13. 《突破雜誌》　No.199　pp.50～57　哈佛企業管理顧問公司
14. 《動腦雜誌》　No.310　pp.17～41　動腦雜誌社
15. 《廣告雜社》　No.126　滾石文化股份有限公司
16. 《廣告雜誌》　No.129　pp.22～29　滾石文化股份有限公司
17. 《廣告雜誌》　No.196　pp.14～20　滾石文化股份有限公司
18. 《經濟前瞻》　No.79　pp.23～40、pp.51～64、pp.76～87　中華經濟研究院
19. 《哈佛商業評論》中文化版　第一期　pp.89～91　資訊傳眞發行
20. 《哈佛商業評論》中文化版　第二期　pp.75～83、pp.111～119　訊傳眞發行
21. 《哈佛商業評論》中文化版　第三期　pp.30～34、pp.90～99　資訊傳

眞發行

22.《國際行銷》 吳景勝著 90年新版 pp.91～186 前程出版社

23.《行銷學》 黃俊英著 1997 pp.273～343 華泰文化事業有限公司

24.《行銷管理》 黃志文著 1993 pp.441～554 華泰書局

25.《行銷管理》（*Marketing Management*） Russell S.Winer著 陳光榮譯2000 pp.49～332 學富文化出版社

26.《名牌得很厲害》 David F.d' Alessandro 著 黃家慧譯 2001 美商麥格羅．希爾國際股份有限公司

27.《品牌思維》 Duane E. Knapp著 袁世珮／黃家慧譯 2001 美商麥格羅．希爾國際股份有限公司

28.《口碑行銷》 Emanum著 林德國譯 2001 遠流出版社

29.《顧客行爲學》 蔡瑞宇編著 1996 pp.1～142 天一圖書公司

30.《企業競爭優勢》 方至民著 2000 pp.121～157 前程書局

31.《行銷管理亞洲實例》 Philip Kotler, Swee Hoon Ang, Siew Meng Leong, Chin Tiong Tan 著

32.《消費者行爲》（*Consumer behavior*） Hawkins, Best & Coney著 葉日武譯 2001 前程出版社

33.《如何發展行銷策略》 David Parmerlee著 朝陽堂出版社編譯1999年

34.《消費者行爲》 簡貞玉譯 1996 五南出版社

35.《資料庫直效行銷》 Graeme McCorkell著駱秉容譯 2001 美商麥格羅．希爾國際股份有限公司

36.《透視消費者》 漆梅君 2001 pp.35～309 學富文化出版社 2001 pp.46～422 學富文化出版社

37.《行銷研究》 呂長民 2001（四版） pp.111～150 前程出版社

38.《消費者行爲》（*Consumer behavior*） Bill Wells & David Prensky 著 王森平譯 1997 pp.113～386 台灣西書出版社

39. *Marketing Plan* Don Debelak 2000 An Adams Streetwise Publication

40. *The Market Planning Guide 5th Edition* David H. Bangs, JR. 1998 Upstart Publishing Company
41. 《建立品牌識別》 Lynn B. Upshaw著 吳玟琪譯 2000 pp.38～108 奧美識別管理顧問公司
42. 《年度行銷計畫》 蓋登氏編輯委員會編著 2000 蓋登氏管理顧問有限公司
43. 《高階主管VIP經營訓練指引》 蓋登氏編輯委員會編著 2001 pp.94～156 蓋登氏管理顧問公司
44. 《整合行銷傳播引論》 許安琪著 2001 pp.142～267 學富文化事業有限公司
45. 《行銷企劃書》 Hiebing & Cooper著 林隆儀譯 1992 遠流出版社
46. 《縱橫市場談行銷》 Martin Van Mesdag著 吳幸宜、林香仁譯1993 pp.21～28、pp.45～78 遠流出版社
47. 《行銷戰略模擬法》 彭建彰 1996 pp.38～186 遠流出版社
48. 《洞見時代結構的企劃書》 高橋憲行著 賴明珠譯 1994 遠流出版社
49. 《焦點法則》 AL Ries著 劉麗眞譯 1998 pp.15～124 麥田出版社
50. 《定位行銷策略》 Ries & Trout著 張佩傑譯 1992 pp.30～200 遠流出版社
51. 《競爭策略》 Michael E. Porter著 周旭華譯 1998 pp.14～160 天下出版社
52. 《如何策略思考》 Simon Wootton & Terry Horne著 王詠心譯2001 pp.14～24、pp.96～107 城邦文化事業股份有限公司
53. 《企業概論》 李吉仁、陳振祥合著 1999 pp.245～305 華泰文化事業公司
54. 《2022商業服務業年鑑》 執行單位：財團法人商業發展研究院 2022 時報文化 pp.42～55、pp.124～135、pp.209～243

55.《正效益模式》　Andrew Winston Paul Polman著　吳慕書譯　2023　天下財經
56.《ESG企業永續獲利致勝術》　申鉉岩／全成律著　高毓婷譯　2023　奇光出版
57.《圖解全球碳年鑑》　The Carbon Almanac Network共同撰寫　賽斯·高汀總編纂　陳正芬／何玉方譯　2022　商業周刊

國家圖書館出版品預行編目(CIP)資料

優質企劃案撰寫：實作入門手冊／陳梅雋著.
-- 六版. -- 臺北市：五南圖書出版股份有
限公司, 2024.11
面； 公分
ISBN 978-626-393-889-2 (平裝)

1.CST: 企劃書 2.CST: 企業管理

494.1 113016369

1FD8

優質企劃案撰寫：實作入門手冊

作　　者— 陳梅雋
編輯主編— 侯家嵐
責任編輯— 吳瑀芳
文字校對— 石曉蓉
封面設計— 姚孝慈
出 版 者— 五南圖書出版股份有限公司
發 行 人— 楊榮川
總 經 理— 楊士清
總 編 輯— 楊秀麗
地　　址：106臺北市大安區和平東路二段339號4樓
電　　話：(02)2705-5066　　傳　　真：(02)2706-6100
網　　址：https://www.wunan.com.tw
電子郵件：wunan@wunan.com.tw
劃撥帳號：01068953
戶　　名：五南圖書出版股份有限公司
法律顧問：林勝安律師
出版日期：2002年12月初版一刷
2003年6月二版一刷（共二刷）
2006年1月三版一刷（共二刷）
2007年11月四版一刷（共三刷）
2011年10月五版一刷（共八刷）
2024年11月六版一刷
定　　價：新臺幣420元